中国石油天然气集团公司统编培训教材

工程技术业务分册

带压作业机

《带压作业机》编委会 编

石油工业出版社

内 容 提 要

本书主要内容包括通用带压作业机的控制系统、动力系统、举升下压系统、环空密封系统、桅杆绞车系统、安全设施、设备维护保养以及常见故障处理等，强调现场实践环节，注重教材的实用性。

本书可作为带压作业管理人员、设计人员、现场技术人员、安全监督管理人员、操作人员的培训教材，其他相关人员也可参考使用。

图书在版编目（CIP）数据

带压作业机/《带压作业机》编委会编．—北京：
石油工业出版社，2018.2
中国石油天然气集团公司统编培训教材
ISBN 978-7-5183-2445-3

Ⅰ．①带… Ⅱ．①带… Ⅲ．①堵漏-技术培训-教材
Ⅳ．①TB42

中国版本图书馆 CIP 数据核字（2018）第 001872 号

出版发行：石油工业出版社
（北京安定门外安华里2区1号　100011）
网　　址：www.petropub.com
编 辑 部：（010）64269289　图书营销中心：（010）64523633
经　　销：全国新华书店
印　　刷：北京晨旭印刷厂

2018年2月第1版　2021年6月第2次印刷
710×1000毫米　开本：1/16　印张：11.25
字数：200千字
定价：40.00元
（如出现印装质量问题，我社图书营销中心负责调换）
版权所有，翻印必究

《中国石油天然气集团公司统编培训教材》
编审委员会

主任委员：刘志华

副主任委员：张卫国　黄　革

委　　　员：范　宁　张品先　翁兴波　王　跃
　　　　　　马晓峰　闫宝东　杨大新　吴苏江
　　　　　　张建军　刘顺春　梅长江　于开敏
　　　　　　张书文　雷　平　郑新权　邢颖春
　　　　　　张　宏　梁　鹏　王立昕　李国顺
　　　　　　杨时榜　张　镇

《工程技术业务分册》
编审委员会

主任委员：秦永和

副主任委员：茅启平　李国顺

委　　员：孙玉玺　王悦军　安　涛　刘应忠

　　　　　张卫军　胡守林　何昀宾　王　鹏

　　　　　刘欣欣　邹　辉　李　季　贾平军

　　　　　刘梅全

《带压作业机》
编 审 人 员

主　　编：胡守林
副 主 编：张　平　黄生松　韩长亮
编写人员：何昀宾　晏　凌　罗　园　徐迎新
　　　　　谢　涛　付建华　王　全　徐茂荣
　　　　　徐煜东　郑　波　姜初隽　刘　伟
　　　　　王大彪　柳秀涛　韩长亮　谢意湘
　　　　　卿　玉
审定人员：赵捍军　刘树成　强会彬　史永庆
　　　　　田友仁　张　宁

序

企业发展靠人才，人才发展靠培训。当前，集团公司正处在加快转变增长方式，调整产业结构，全面建设综合性国际能源公司的关键时期。做好"发展""转变""和谐"三件大事，更深更广参与全球竞争，实现全面协调可持续，特别是海外油气作业产量"半壁江山"的目标，人才是根本。培训工作作为影响集团公司人才发展水平和实力的重要因素，肩负着艰巨而繁重的战略任务和历史使命，面临着前所未有的发展机遇。健全和完善员工培训教材体系，是加强培训基础建设，推进培训战略性和国际化转型升级的重要举措，是提升公司人力资源开发整体能力的一项重要基础工作。

集团公司始终高度重视培训教材开发等人力资源开发基础建设工作，明确提出要"由专家制定大纲、按大纲选编教材、按教材开展培训"的目标和要求。2009 年以来，由人事部牵头，各部门和专业分公司参与，在分析优化公司现有部分专业培训教材、职业资格培训教材和培训课件的基础上，经反复研究论证，形成了比较系统、科学的教材编审目录、方案和编写计划，全面启动了《中国石油天然气集团公司统编培训教材》（以下简称"统编培训教材"）的开发和编审工作。"统编培训教材"以国内外知名专家学者、集团公司两级专家、现场管理技术骨干等力量为主体，充分发挥地区公司、研究院所、培训机构的作用，瞄准世界前沿及集团公司技术发展的最新进展，突出现场应用和实际操作，精心组织编写，由集团公司"统编培训教材"编审委员会审定，集团公司统一出版和发行。

根据集团公司员工队伍专业构成及业务布局，"统编培训教材"按"综合管理类、专业技术类、操作技能类、国际业务类"四类组织编写。综合管理类侧重中高级综合管理岗位员工的培训，具有石油石化管理特色的教材，以自编方式为主，行业适用或社会通用教材，可从社会选购，作为指定培训教材；专业技术类侧重中高级专业技术岗位员工的培训，是教材编审的主体，按照《专业培训教材开发目录及编审规划》逐套编审，循序推进，计划编审300余门；操作技能类以国家制定的操作工种技能鉴定培训教材为基础，侧重主体专业（主要工种）骨干岗位的培训；国际业务类侧重海外项目中外员工的培训。

"统编培训教材"具有以下特点：

一是前瞻性。教材充分吸收各业务领域当前及今后一个时期世界前沿理论、先进技术和领先标准，以及集团公司技术发展的最新进展，并将其转化为员工培训的知识和技能要求，具有较强的前瞻性。

二是系统性。教材由"统编培训教材"编审委员会统一编制开发规划，统一确定专业目录，统一组织编写与审定，避免内容交叉重叠，具有较强的系统性、规范性和科学性。

三是实用性。教材内容侧重现场应用和实际操作，既有应用理论，又有实际案例和操作规程要求，具有较高的实用价值。

四是权威性。由集团公司总部组织各个领域的技术和管理权威，集中编写教材，体现了教材的权威性。

五是专业性。不仅教材的组织按照业务领域，根据专业目录进行开发，且教材的内容更加注重专业特色，强调各业务领域自身发展的特色技术、特色经验和做法，也是对公司各业务领域知识和经验的一次集中梳理，符合知识管理的要求和方向。

经过多方共同努力，集团公司"统编培训教材"已按计划陆续编审出版，与各企事业单位和广大员工见面了，将成为集团公司统一组织开发和编审的中高级管理、技术、技能骨干人员培训的基本教材。"统编培训教材"的出版发行，对于完善建立起与综合性国际能源公司形象和任务相适应的系列培训教材，推进集团公司培训的标准化、国际化建设，具有划时代意义。希望各企事业单位和广大石油员工用好、用活本套教材，为持续推进人才培训工程，激发员工创新活力和创造智慧，加快建设综合性国际能源公司发挥更大作用。

《中国石油天然气集团公司统编培训教材》
编审委员会

前 言

带压作业可广泛用于欠平衡钻井、侧钻、小井眼钻井、完井、射孔、试油、测试、酸化、压裂和修井作业，具有不压井、不放喷、不泄压，避免油气层伤害，保持地层能量，缩短作业周期，对环境零污染的优点，有利于节能减排，实现绿色健康、可持续发展，是转变经济发展方式、稳定和提高单井产量的重要抓手。

为加强带压作业培训工作，提高带压作业综合素质，培养高素质石油工程技术作业队伍，推进带压作业培训的规范化、科学化，促进带压作业安全、健康、可持续发展，特编写本书。

本书是中国石油天然气集团公司带压作业培训的专用教材，同时也可作为各级管理人员、带压作业设计人员、现场技术人员、安全监督管理人员、带压作业操作人员学习的参考用书。本书侧重于阐述较为通用的带压作业机的基本构成，从带压作业机的动力系统、控制系统、举升下压系统、环空密封系统、桅杆绞车系统、安全设施、设备维护保养以及常见故障处理等方面进行了系统阐述，强调现场实践环节，注重教材的实用性。

本书由工程技术分公司组织牵头，川庆钻探工程有限公司具体负责，长城钻探工程有限公司、吉林油田分公司参加编写。全书由胡守林、张平、黄生松、韩长亮统稿。第一章由胡守林、张平编写，第二、三、四、五、六章及附录由韩长亮编写，第七章由张平、何昀宾、罗园、徐茂荣、郑波、徐煜东编写，第八、九章由韩长亮、徐迎新、谢涛、付建华、王全、姜初隽、刘伟、王大彪、柳秀涛、谢意湘、卿玉编写。

为使教材内容涵盖更广，操作性更强，邀请各油田具有多年带压作业经验的技术专家、操作手进行了审阅，并根据专家意见进行了修改和补充。编写过程中得到了四川培训中心、托普威尔公司、华北荣盛公司等单位的大力支持，在此表示衷心的感谢。

由于编者水平有限，作业经验不够丰富，同时国内没有可参考的相关书籍，书中难免有诸多缺点和不足之处，恳请读者批评指正，以便再版时修改完善。

编者

说 明

按照《中国石油天然气集团公司带压作业技术规程》的要求，各油气田带压作业技术管理的各级管理人员、带压作业设计人员、现场技术人员、安全监督管理人员、带压作业操作人员等都应进行不同内容的带压作业技术培训。

根据这一要求，对培训对象的划分及其应掌握和了解的内容在本书中的章节分布，做如下说明，供参考。

培训对象主要划分为以下几类：

（1）生产管理人员，包括：

① 钻探公司及所属二级单位从事带压作业技术管理、安全管理、安全监督的各级相关人员。

② 油田公司及所属二级单位从事带压作业技术管理、工程技术监督、安全管理、安全监督的各级相关人员。

（2）专业技术人员，包括：

① 带压作业设计人员，审核、审批人员。

② 带压作业队队长和副队长、工程技术人员等技术管理人员。

③ 现场工程监督人员、安全监督人员。

（3）操作人员，包括主操作手、辅操作手、场地工、动力操作手等。

（4）相关人员，包括：

① 地面测试施工人员。

② 配合带压作业队施工的其他人员。

各类人员应该掌握和了解的主要内容如下：

（1）生产管理人员，要求掌握第一章、第二章、第三章、第四章、第五章、第六章、第七章和附录的内容，了解其他章节，通过相关内容的学习，了解带压作业机的基本结构和工作原理。

（2）专业技术人员，要求掌握第一章、第二章、第三章、第四章、第五章、第六章、第七章和附录的内容，了解其他章节，通过相关内容的学习，了解带压作业机的基本结构和工作原理。

（3）操作人员，要求掌握全书内容，掌握带压作业机的基本结构、工作原理、维护保养和常见故障处理。

（4）相关人员，要求掌握第一章、第三章、第四章、第五章和附录的内容，了解其他章节，通过培训掌握带压作业控制系统、举升下压系统和环空密封系统工作原理，通过模拟器了解带压作业基本操作。

目 录

第一章　带压作业机概述 ································· 1
　第一节　带压作业机发展历程 ··························· 1
　第二节　带压作业机分类及常见机型 ····················· 3
　第三节　带压作业机的组成 ···························· 14
　本章知识要点 ······································· 16
　思考题 ··· 17

第二章　动力系统 ····································· 18
　第一节　柴油机及动力输出 ···························· 18
　第二节　液压系统压力源 ······························ 30
　第三节　压力源液压回路 ······························ 43
　第四节　气路系统 ··································· 49
　第五节　动力系统调试 ······························· 52
　本章知识要点 ······································· 53
　思考题 ··· 54

第三章　控制系统 ····································· 55
　第一节　操作台介绍 ································· 55
　第二节　举升下压控制系统 ···························· 57
　第三节　环空密封控制系统 ···························· 78

第四节　桅杆绞车控制系统 ………………………………………… 82
　　第五节　控制阀结构及原理 ………………………………………… 84
　本章知识要点 …………………………………………………………… 95
　思考题 …………………………………………………………………… 95

第四章　举升下压系统 …………………………………………………… 96
　　第一节　卡瓦 ………………………………………………………… 96
　　第二节　转盘 ………………………………………………………… 100
　　第三节　旋转卡盘与旋转筒 ………………………………………… 102
　　第四节　举升机液缸与防弯导管 …………………………………… 104
　本章知识要点 …………………………………………………………… 105
　思考题 …………………………………………………………………… 106

第五章　环空密封系统 …………………………………………………… 107
　　第一节　工作环形防喷器 …………………………………………… 107
　　第二节　工作闸板防喷器 …………………………………………… 110
　　第三节　平衡泄压系统 ……………………………………………… 113
　本章知识要点 …………………………………………………………… 116
　思考题 …………………………………………………………………… 117

第六章　桅杆绞车系统 …………………………………………………… 118
　　第一节　桅杆系统 …………………………………………………… 118
　　第二节　绞车系统 …………………………………………………… 119
　本章知识要点 …………………………………………………………… 121
　思考题 …………………………………………………………………… 121

第七章　带压作业安全设施 ……………………………………………… 122
　　第一节　应急逃生装置 ……………………………………………… 122
　　第二节　智能安全系统 ……………………………………………… 127

第三节　其他安全设施 ·· 130

本章知识要点 ··· 134

思考题 ·· 134

第八章　设备维护保养 ·· 135

第一节　动力系统维护保养 ··· 135

第二节　举升下压系统维护保养 ·· 137

第三节　环空密封系统维护保养 ·· 138

第四节　桅杆绞车系统维护保养 ·· 140

本章知识要点 ··· 141

思考题 ·· 141

第九章　常见故障处理 ·· 143

第一节　动力源部分常见故障处理 ··· 143

第二节　动力部分的机械和液压系统常见故障处理 ·························· 144

第三节　气路部分常见故障处理 ·· 146

第四节　主机液压部分与机械部分常见故障处理 ····························· 147

本章知识要点 ··· 151

思考题 ·· 151

附录　带压作业培训模拟器 ··· 153

第一节　模拟器结构 ·· 153

第二节　模拟器培训内容 ··· 154

参考文献 ·· 163

第一章 带压作业机概述

带压作业机是实施全过程带压作业的重要保障，带压作业机具有举升下压功能、环空密封控制功能和旋转功能（可选）。举升下压功能可实现带压起下管柱作业，防止管柱上窜或下落；环空密封控制功能可控制环空压力；旋转功能可实现钻、磨及特殊工艺施工作业。因此，带压作业机是带压作业施工的关键。

第一节 带压作业机发展历程

一、国外带压作业机发展历程

1929 年，Herbert C Otis 提出了不压井作业这一思想，并利用一静一动双反向卡瓦组支撑油管，通过钢丝绳和绞车控制实现油管升降。

1960 年，Cicero C Brown 发明了液压带压作业设备用于油管升降，由此，带压作业机成为可以独立于钻机或修井机的一套完整系统。

1981 年，VC Controlled Pressure Services Ltd 设计出车载液压带压作业机，此项创新使带压作业机具有高机动性。

1990 年后，出现了模块化的橇装设备，以适应海上作业。

2000 年后，钻、修、带压作业一体机出现。其应用范围包括：带压下套管、尾管、单油管或双油管等完井作业，带压辅助分层压裂、酸化连续施工作业，带压下入或回收封隔器、桥塞及其他井下工具，带压冲砂、打捞、磨铣、清蜡等修井作业，带压欠平衡钻井、侧钻、射孔以及应急抢险等。

二、国内带压作业机发展历程

20世纪60年代,国内曾研制过钢丝绳式带压作业机。20世纪70—80年代,原四川石油管理局钻采工艺研究院研制了用于钻井抢险的BY30-2起下钻装置和用于修井的BY15型不压井起下钻装置。20世纪80年代,国内研制开发出可用于井口压力4MPa以下的橇装式液压带压作业机。

2001年,华北石油荣盛机械制造有限公司(原华北油田第二机械厂)开始生产不压井作业设备,分别在大庆、吉林、新疆、辽河、中原、华北等油田应用,现场最高作业压力达16MPa。中国石油西南油气田分公司于2003年从加拿大进口了一台S-9型带压修井作业配套设备,并从2005年起,先后在邛西气田、白马庙气田等中浅层气藏成功地实施现场应用。北京托普威尔石油技术服务有限公司也引进了国外先进的辅助式不压井修井作业设备,先后在长北项目、四川角62成功进行了带压修井作业,取得了较好的效果。

近年来中国石油天然气集团公司加大对带压作业装备方面研究支持的重视力度。国内华北石油荣盛机械制造有限公司、铁虎石油机械有限公司、中国石化集团江汉石油管理局第四机械厂等设备制造公司已具有自主研发和生产带压作业专业设备的能力。

三、带压作业机发展趋势

带压作业机向自动化、智能化、一体机方向发展,综合运用机、电、液一体化技术,提高安装效率和施工效率。

(1) 模块化;
(2) 高性能、高可靠性、高安全性;
(3) 自动化控制;
(4) 大吨位和迷你型两级发展。

第一章 带压作业机概述

第二节 带压作业机分类及常见机型

一、国外带压作业机常见机型及参数

1. 分类及表示方法

国外带压作业机主要分为辅助式和独立式。不同厂家表示方法不同，大多以设备的举（提）升能力命名，例如150K表示设备的最大举升能力为150000lbf，这里K表示1000lbf举升力。

2. 常见机型

从轻型车载设备到重型橇装设备，带压作业机的设计多种多样，带压作业工作范围决定了设备的尺寸以及结构的复杂程度。下面就国际上最常用的几种带作业机的设计进行简单的分析和对比。

1）辅助式带压作业机

辅助式带压作业机是为了弥补传统修井机或钻机不能进行带压施工，而专门设计的一种带压作业设备。它需要与修井机和钻机配合使用，带压作业机只负责进行带压作业的相关工序，而其他工序依然需要由修井机或钻机来完成。通常有小型辅助式（迷你型）带压作业机和重型辅助式带压作业机两大类。

（1）小型辅助式（迷你型）带压作业机。

小型辅助式（迷你型）带压作业机的结构简单小巧，重量轻，安装和拆卸速度快（图1-1）。举升机下推力范围为10～25tf，举升机行程小于1.25m。一般采用卡车或拖车运输，可以配合传统修井机或钻机进行带压施工，管柱上提依赖于修井机或钻机完成。由于设备通常仅适用于低压井，在带压移动管柱时通常使用井压助封式的防喷器进行管柱外环空密封。制造成本和维护费用低，用户承担的作业费用低，在低压简单井的带压作业市场上有价格优势。

小型辅助式（迷你型）带压作业机通常只适用于10MPa以下的低压井带压作业，用于处理较为简单的完井管柱和井下工具串组合，受整体承载能力的限制，作业深度较低。由于受到结构尺寸和防喷器类型的限制，一般只适

用于较小尺寸管柱。

图 1-1 小型辅助式（迷你型）带压作业机

（2）重型辅助式带压作业机。

重型辅助式带压作业机举升设备结构紧凑，带压作业防喷器置于设备主体框架结构以内（图 1-2），下推力范围为 20~60tf，举升机行程一般为 3m；采用卡车或拖车运输，其本身也具备提升较大负荷的能力，也可以在吊机的配合下独立进行作业。

重型辅助式带压作业机带压作业防喷器包括 1 个环形防喷器、1 个或两个闸板防喷器，可以在 35MPa 及以下的井压下进行带压作业，适用于结构较为复杂的管柱和井下工具组合。配置被动转盘，管柱可以在动力水龙头或液压钳的驱动下进行旋转。

一般来说，辅助式带压作业机在修井机或钻机的配合下才能进行作业，带压作业人员的操作通常需要与修井机或钻机施工人员默契配合才能顺利完成，由于修井机或钻机的固有结构和井架高度的限制，无法满足某些复杂带压作业施工所需要的多台防喷器组的安装空间。

2）独立式带压作业机

独立式带压作业机的设计理念是为了在不依赖修井机或钻机的情况下能够独立进行常规井下作业和带压井下作业。独立式带压作业机目前存在两种主流的设计方式：一种是工作防喷器置于举升机框架结构以内（紧凑型），另一种是工作防喷器置于举升机结构框架以外（传统型）。

第一章　带压作业机概述

图 1-2　重型辅助式带压作业机

（1）紧凑型独立式带压作业机。

这种设计方式普遍应用于加拿大和中国的带压作业市场，它可以不依赖传统修井机或钻机而独立进行井下作业（图 1-3），下推力范围一般为 25～100tf，上提力一般为 60～200tf，举升机行程一般为 3m。

一般采用卡车、拖车或橇装方式进行运输，需要通过吊机进行设备安装和拆卸，与传统型独立式带压作业机相比，其现场安装和拆卸时间短。配备有桅杆和绞车系统来进行单根管柱上下操作台的操作，有些设计还把井口稳定器与主体设备集成在一起。设备工作台与设备框架为一体式结构，不需要额外的安装和拆卸，减少了现场施工时的工作量。

具备动力转盘，可以在轻管柱和重管柱情况下进行钻、磨作业，在电缆作业的配合下，带压下入或起出长工具串，可以处理复杂的井下管柱结构和复杂的井下工具串组合。工作防喷器组包括 1 个环形防喷器和 1～2 个闸板防喷器，置于举升机框架结构以内，设备安装高度低，稳定性好，固定简单，施工时井口压力最高可以达到 70MPa。带压作业服务商不依赖第三方提供的关键设备（如安全防喷器等），减少了与第三方人员配合时的工作交接界面。

由于将工作防喷器和举升机框架结构集成在一起，设备重量增加，需要大吨位吊机进行安装和拆卸作业，受桅杆长度的限制只能起、下单根管柱。

图 1-3　紧凑型独立式带压作业机

(2) HWO 型独立式带压作业机。

这种机型设计起源于美国，是在海洋平台液压修井机的基础上发展起来的（图1-4），它可以不依赖传统修井机或钻机而独立进行井下作业，下推力范围一般为 25~150tf，上提力一般为 60~300tf，举升机行程一般为 3~3.5m。举升机配备有全行程防弯伸缩管，防止管柱受压后的折弯，施工时井口压力最高可达到 105MPa。

采用模块化设计，且防喷器组独立于举升机之外，单件吊装重量轻，适用于海上平台作业。采用卡车、拖车或橇装方式进行运输，通常需要通过吊机进行设备安装和拆卸，一般都配备有桅杆和绞车系统来进行单根管柱的上下操作台的操作。设备工作台与设备框架为一体式结构，不需要额外的安装和拆卸，减少了现场施工时的工作量。

根据井况的要求，工作防喷器置于举升机框架结构以下，工作防喷器组可以包括多个环形防喷器和闸板防喷器。具备动力转盘，可以在轻管柱和重管柱情况下进行钻、磨作业，可以处理复杂的井下管柱结构和复杂的井下工具串组合。带压作业服务商不依赖第三方提供的关键设备（如安全防喷器等），减少了与第三方人员配合时的工作交接界面。

由于设备结构和防弯伸缩管尺寸的限制，在轻管柱状态下带压下入大尺寸工具串较为困难。由于其采用的卡瓦通径小，在带压下入大尺寸工具时需

第一章　带压作业机概述

要先将卡瓦移除,增加了现场工作难度和工作量。在重管柱情况下下入大尺寸工具时,需要在举升机与工作防喷器之间安装工作窗,增加了设备整体安装高度。设备集成度低,安装和拆卸的工作量大,由于设备安装高度高,对设备固定的要求高,逃生装置的设置变得更为复杂。

图 1-4　HWO 型独立式带压作业机

3）齿轮齿条式带压作业机

齿轮齿条式带压作业机的设计理念与辅助式带压作业机、独立式带压作业机有很大区别（图 1-5）。它是通过牵引马达在重型桅杆上牵引游动头来实现管柱的上提和下推,这款机型的设计主要应用于欧洲地区和北美的加拿大。这种设备虽然可以用于带压作业施工,但是其主要设计更偏重于全面覆盖常规修井、钻井和带压作业,而并非专门针对于带压作业。

齿轮齿条式带压作业机可以作为带压作业机、修井机、钻机使用,独立进行作业,上提力和下推力可达到 200tf 以上,可以用于 35MPa 及以下的带压作业施工,其行程可达 14m 左右。

采用拖车或橇装运输方式,设备安装和拆卸需要吊机协助,在需要进行钻井作业时,可以将游动头和卡瓦系统更换为顶驱,设备的自动化程度和复杂程度高于传统带压作业机。

与修井机和钻机类似,由于工作台到地面的空间有限,工作防喷器组和安全防喷器组的安装高度受到限制,因此无法进行复杂程度较高或高压力的带压作业。同时与传统带压作业机比较而言,对场地面积要求大,设备制造成本高昂,对操作人员的知识水平要求高,人员培训投入大。

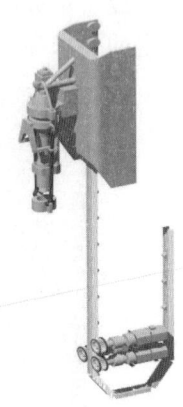

图 1-5　齿轮齿条式带压作业机

4）长行程（绳缆）带压作业机

这种设备起源于美国和欧洲,长行程带压作业机使用钢丝绳缆、滑轮、液压缸来驱动游动头（图1-6）。其设计提升能力为25～90tf,可以用于35MPa及以下的带压作业施工,其行程可达14m。

与修井机和钻机类似,由于工作台到地面的空间有限,工作防喷器组和安全防喷器组的安装高度受到限制,因此无法进行复杂程度较高或高压力的带压作业。与传统带压作业机比较而言,对场地面积要求大。

图 1-6　长行程（绳缆）带压作业机

3. 参数

国外带压作业机常见机型及参数见表1-1。

第一章 带压作业机概述

表 1-1 国外带压作业机常见机型及参数

公司	型号	通径 mm	冲程 m	最大举升力 kN	最大下压力 kN	转盘扭矩 kN·m
Halliburton	120K	103.2	3.0	520.1	267.0	3.0
	200K	179.4	3.0	884.6	457.9	6.5
	200K	279.4	3.0	884.6	457.9	13.5
	400K	279.4	3.0	1693.7	809.0	13.5
	600K	279.4	3.0	2578.3	1280.2	27.1
Snubco	S15	179	3.0	667.4	133.5	被动转盘
	S17	179	3.0	667.4	222.5	被动转盘
	S18	179	3.0	667.4	284.8	被动转盘
	S19	179	3.0	667.4	356.0	被动转盘
	S22	179	3.0	667.4	222.5	被动转盘
	S23	179	3.0	667.4	222.5	被动转盘
ISS	120K	103.2	12.2	533.9	267.0	2.7
	150K	179.4	3.0	667.4	333.7	4.7
	225K	279.4	3.0	1001.1	523.2	5.4
	340K	279.4	3.0	1512.7	756.4	27.1
	460K	346.1	3.0	2046.6	1023.3	27.1
	600K	346.1	3.0	2669.5	1334.8	27.1
HYDRA RIG	HRL 120	203.2	11	534	267	4.06
	HRL 142	203.2	11	632	316	4.06
	HRS 150	203.2	3.05	667	294	3.80
	HRS 225	279.4	3.05	1001	534	6.78
	HRS 340	279.4	3.05	1513	837	8.95

二、国内带压作业机常用机型及参数

1. 分类

国内带压作业机按照结构形式一般分为辅助式和独立式两种，与国外分类相同。

(1) 辅助式：依靠其他设备（修井机或钻机）的配合，辅助控制管（杆）运动和输送，完成带压作业的结构形式。

(2) 独立式：依靠自身的功能，能够独立完成带压作业的结构形式。根据具体结构的不同可分为吊臂式、集成式两种形式。

① 吊臂式：依靠设备自身的吊臂总成（俗称桅杆总成），实现扶正和输送管（杆）的功能。

② 集成式：动力及控制系统与底盘车系统集成在一起，依靠设备自身的起升系统（井架、绞车、天车、游车、大钩、举升液缸、加压液缸、加压吊卡等）或其他举升系统实现管（杆）运动和输送的功能。

2. 型号表示方法

带压作业机型号表示方法如下：

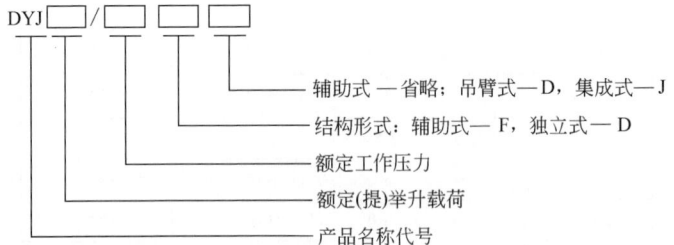

额定举（提）升载荷用圆整后数值（kN）的 1/10 表示。额定工作压力（MPa）以 7、14、21、35、70、105、140 压力等级表示。

示例：额定提升载荷 800kN，额定工作压力 21MPa，辅助式结构的带压作业机，型号表示为：DYJ80/21F。

3. 常见机型及参数

1）一体式带压作业机

一体式带压作业机是带压作业机和常规修井机集中在一起的一种带压作业设备，主要技术参数见表 1-2，外观如图 1-7 所示。

表 1-2　一体式带压作业机主要技术参数

最大举升力，kN	60
最大下压力，kN	36
冲程，mm	3300
通径，mm	186
转盘形式	液压转盘

第一章 带压作业机概述

续表

转盘扭矩，kN·m	24
额定动密封，MPa	21
桅杆载荷（额定），kN	60
适合井况（工作能力）	适用于套管内压力不大于21MPa的油水井

图1-7 一体式带压作业机

2）辅助式带压作业机

国内辅助式带压作业机结构形式基本上与国外一致，主要技术参数见表1-3，外观如图1-8所示。

表1-3 辅助式带压作业机主要技术参数

最大举升力，kN	60
最大下压力，kN	42
冲程，mm	3300
通径，mm	186
转盘形式	被动转盘
转盘扭矩，kN·m	N/A
额定动密封，MPa	21
桅杆载荷（额定），kN	N/A
适合井况（工作能力）	适用于套管内压力不大于21MPa的油水井

3）独立式带压作业机

国内独立式式带压作业机相对较少，结构形式基本上与国外一致，主要技术参数见表 1-4，外观如图 1-9 所示。

图 1-8　辅助式带压作业机　　　　图 1-9　独立式带压作业机

表 1-4　独立式带压作业机主要技术参数

最大举升力，kN	1130
最大下压力，kN	650
冲程，mm	3500
通径，mm	180
转盘形式	液压转盘
转盘扭矩，kN·m	8400
额定动密封，MPa	70
桅杆载荷（额定），kN	2
适合井况（工作能力）	适用于套管内压力不大于 70MPa 的油气水井

4）抽油杆带压作业机

抽油杆带压作业机是用于油井起下抽油杆的一种设备，主要技术参数见表 1-5，外观如图 1-10 所示。

第一章　带压作业机概述

表 1-5　抽油杆带压作业机主要技术参数

最大举升力，kN	400
最大下压力，kN	200
冲程，mm	2500
通径，mm	80
额定动密封，MPa	10.5
适合井况（工作能力）	适用于套管内压力不大于 21MPa 的油水井

图 1-10　抽油杆带压作业机

5）热采井带压作业机

热采井带压作业机主要适用于稠油蒸汽注采井起下油管作业，主要技术参数见表 1-6，外观如图 1-11 所示。

表 1-6　热采井带压作业机主要技术参数

最大举升力，kN	650
最大下压力，kN	450

续表

冲程，mm	3300
通径，mm	186
额定动密封，MPa	7
适合井况（工作能力）	适用于套管内压力不大于21MPa的油水井

图 1-11　热采井带压作业机

第三节　带压作业机的组成

带压作业机主要包括动力系统、液压系统压力源、举升下压系统、环空密封系统和桅杆绞车系统 4 部分，其中举升下压系统、环空密封系统和桅杆绞车系统包括控制系统和执行机构。施工过程中，举升下压系统、环空密封系统和桅杆绞车系统安装在一起。

一、动力系统

动力系统为举升下压系统、环空密封系统和桅杆绞车系统提供液压动

第一章 带压作业机概述

力,主要包括柴油发动机、离合器和分动箱、液压泵组、溢流阀组、蓄能器组、液压油箱、散热器(图1-12)。

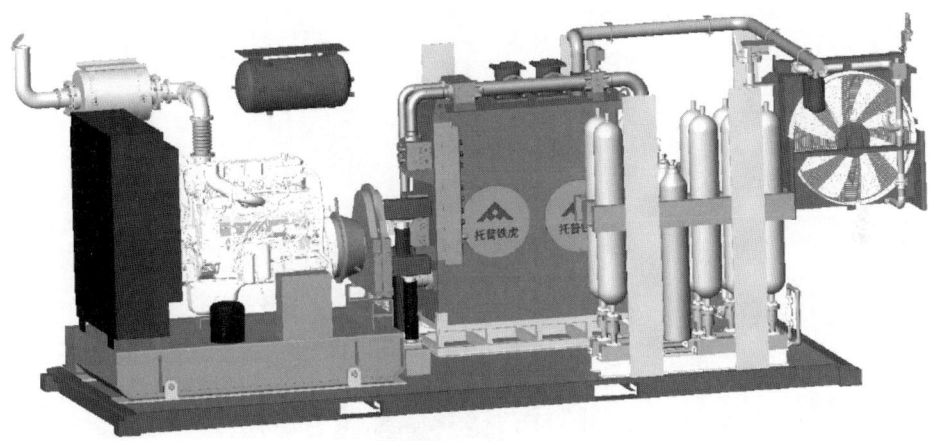

图1-12 动力系统

二、液压系统压力源

液压系统压力源集成在动力系统内,为各控制系统提供液压动力。

三、举升下压系统

举升下压系统用于控制起下管柱,防止管柱落入井内或飞出井口,主要包括举升液缸、游动横梁、移动卡瓦组、固定卡瓦组、上工作平台、下工作平台、转盘、液压钳吊臂(图1-13)。

四、环空密封系统

环空密封系统主要用于控制环空压力,主要包括环形防喷器、闸板防喷器和平衡泄压系统。

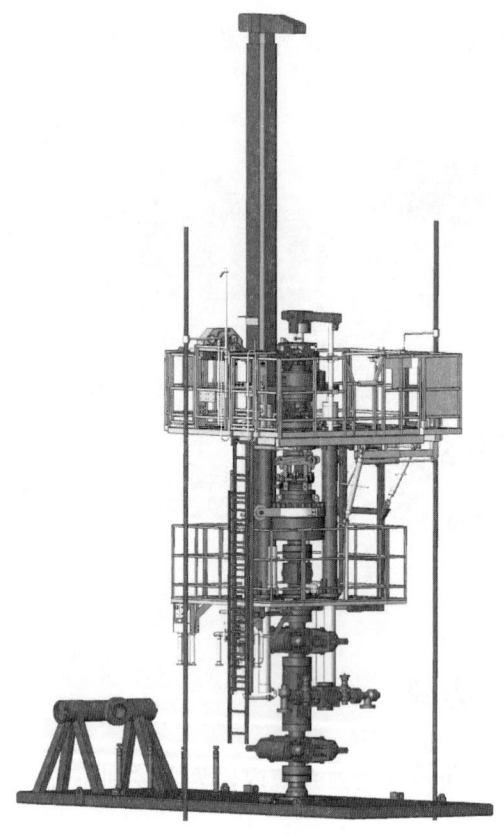

图 1-13 举升下压系统

五、桅杆绞车系统

桅杆绞车系统用于起下单根/双根管柱及悬挂轻便水龙头,主要包括桅杆系统和绞车系统。

本章知识要点

(1)国外带压作业机型号及参数。

第一章 带压作业机概述

（2）国内带压作业机型号及参数。
（3）带压作业机组成部分。

思考题

带压作业机由哪几部分组成？

第二章 动力系统

动力系统为带压作业机提供液压动力，动力系统宜采用柴油机（包括车载发动机）、天然气发动机或电动机作为动力机，采用叶片泵或齿轮泵作为液压动力机构，一般最高工作压力为21MPa。动力系统主要包括发动机、离合器、分动箱，液压源、气路系统和电路系统，同时也可采用独立电动机控制，将安全防喷器控制模块集成在动力系统内。

第一节 柴油机及动力输出

一、柴油机

1. 功用

动力系统主要部件如图2-1所示，柴油机为液压系统提供动力，根据不同情况选择不同功率的柴油机。同时根据现场防爆要求，可以选择防爆柴油机和非防爆柴油机。防爆柴油机主要采用机械喷油，气启动，采用机械式油门，不存在任何电产品，例如CAT3406系列。非防爆柴油机主要采用电喷方式，柴油机由计算机控制单元（ECM/ECU）控制，例如CAT C系列。

2. 柴油机选择

选择柴油机需要考虑柴油机功率、安装尺寸、排放标准等，其中柴油机功率尤其重要，如果功率不足，设备的设计参数就达不到，工作性能下降；如果功率过剩，一方面柴油机动载得不到充分利用，另一方面因机器功率过剩，在工作中机器可能因超负荷而被损坏。选用柴油机的使用功率，首先要分析与柴油机匹配的机具的工况：

（1）计算柴油机净输出功率。带压作业机动力系统通常是由柴油机通过离合器、分动箱驱动液压泵。通过液压泵排量计算出泵的功率，再除以泵的

第二章 动力系统

容积效率和机械效率（某些厂家直接标注泵的功率）以及分动箱、传动箱、离合器的机械效率，计算出柴油机输出的净功率。

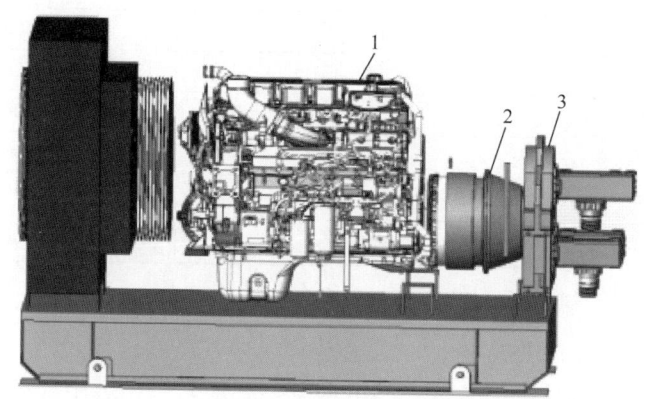

图 2-1 动力系统主要部件
1—柴油机；2—离合器；3—分动箱

泵的总功率不能简单叠加所有泵的最大功率，需要充分考虑实际工况，以选择合适发动机使用功率。带压作业机所有液压泵的最大压力均为 21MPa，但带压作业机使用过程中，并不一定所有的泵都会达到最大压力，一般举升机泵最大压力为 21MPa，转盘最大压力为 21MPa，蓄能器泵最大压力为 14MPa，液压钳最大压力为 14MPa，绞车最大压力为 14MPa，散热器最大压力为 7MPa。同时现场使用过程中，液压钳与举升机不会同时使用，举升机泵可以选择几个泵同时工作或只有一个泵工作，一般情况下当负载很大时，选择一个举升机泵工作。综合以上使用工况，计算出泵总功率及柴油机净输出功率。

（2）计算柴油机功率。考虑到柴油机辅助功率，柴油机功率为柴油机净输出功率的 1.25 倍。

（3）选择柴油机型号。根据算出的柴油机功率选择柴油机型号，常见柴油机型号及功率见表 2-1。

（4）校核。根据所选柴油机参数，去掉柴油机本身辅助功率，验证是否满足柴油机净输出功率要求，如果小于净输出功率，则需要重新选择；如果大于净输出功率但不超过 5%，即满足要求；如果超过 5%，则建议重新选择。

表 2-1　常见柴油机型号及功率

型号	功率，hp	最大转速，r/min
CAT C12	385	2100
CAT C13	440	2100
CAT C15	540	2100
CAT 3406C	250	1800
底特律 S50	350	1800
底特律 S60	450	2100

注：1hp=735.499W。

3. 发动机系统组成

发动机主要包括冷却系统、润滑系统、燃油系统、进排气系统和电气系统，CAT C13 主要结构如图 2-2 所示，下面以 CAT 发动机为例介绍。

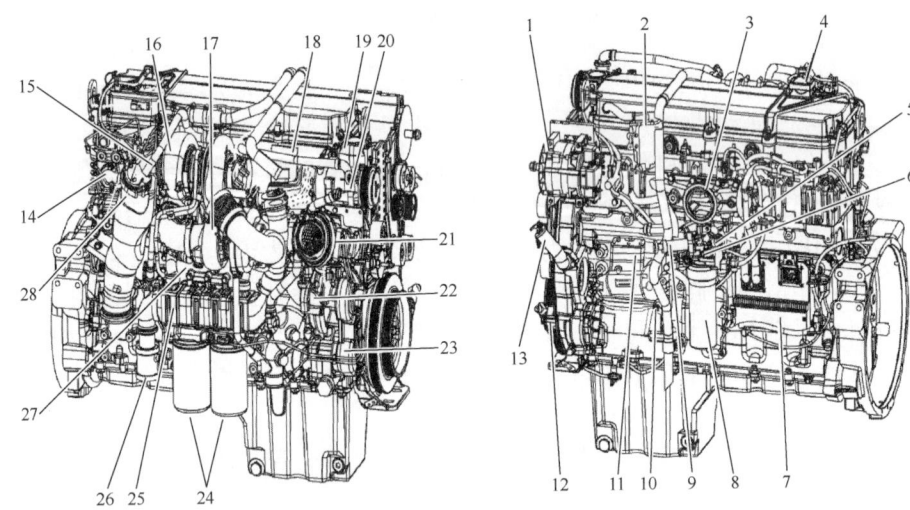

图 2-2　CAT C13 柴油发动机结构图

1—交流发电机；2—废气净化滤芯；3—进气管汇；4—发动机线圈；5—燃油控制阀；
6—柴油滤芯底壳；7—控制模块；8—柴油滤芯；9—柴油注入泵；10—机油油标尺；
11—空气压缩机；12—柴油泵；13—机油加油口；14—排气管汇；15—废气排气管；
16—低压涡轮增压器；17—高压涡轮增压器；18—涡轮增压系统；19—节温器；
20—空气控制阀；21—预冷器；22—水泵；23—机油泵；24—机油滤芯；
25—涡轮增压系统冷却器；26—涡轮增压管线；27—机油冷却器；28—故障处理系统

第二章　动力系统

1）冷却系统

（1）冷却系统的组成。

冷却系统主要由水泵、散热器（水箱）、节温器、水温表传感器、风扇、机油冷却器等部件组成，如图2-3所示，各部件作用如下：

① 水泵：当发动机运转时，水泵使冷却液持续不断地在冷却系统中流动。冷却液是水、防冻液（乙二醇）和防锈剂的混合物，为了发动机正确的冷却，冷却液的各成分必须维持在正确的比例。

② 散热器（水箱）：散热器把冷却液的热量散发出来，降低冷却液的温度。

④ 节温器：节温器在发动机运转时帮助发动机暖机，维持冷却液和发动机正常温度。

⑤ 水温传感器：水温传感器指示出冷却液的温度，正常的冷却液温度一般为 88~99℃。

⑥ 风扇：风扇使流经散热器的空气量增加，使冷却液中的热量散发出来，降低冷却液的温度，风扇一般是由曲轴上的皮带轮通过皮带驱动。

⑦ 机油冷却器：机油冷却器的作用是维持发动机润滑油的正常温度。

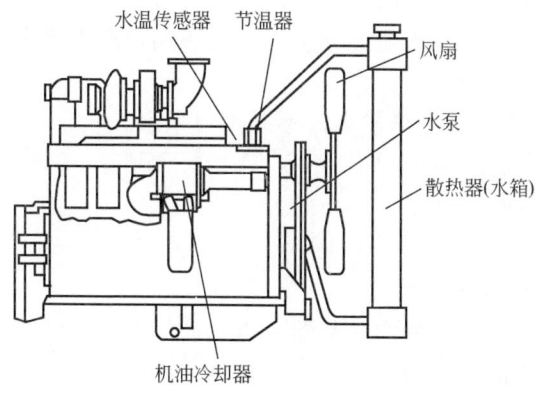

图 2-3　发动机冷却系统结构

（2）冷却系统作用。

冷却系统工作原理如图2-4所示。

① 冷却系统的主要作用是通过散出由燃烧和摩擦产生的不能利用的热能，以维持正常的发动机温度。

② 冷却液从发动机中较热的表面吸收热量，然后在流经散热器时把热

量散发到大气中。

③ 冷却系统通过使用机油冷却器维持了正常的发动机润滑油温度。

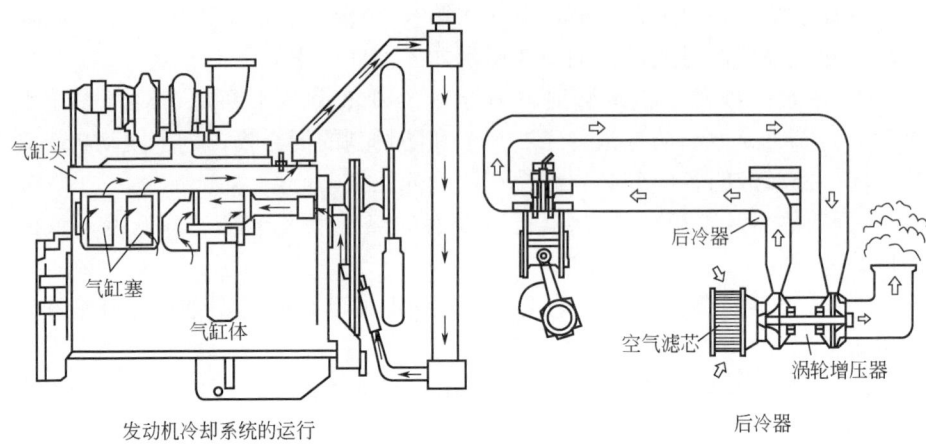

图 2-4　发动机冷却系统工作原理

在带有涡轮增压器和后冷器的发动机上，从水泵出来的一部分冷却液流向后冷器。在这里，冷却液用来冷却进气，使得更多的空气能够被压入发动机气缸，这样就使得发动机能够燃烧更多的燃油，产生更大的功率输出。

（3）冷却液组成。

① 水：用蒸馏水或去离子水，不要用自来水。

② 防冻液：30%～60%。

③ 防锈剂：3%～6%。

2）润滑系统

（1）润滑系统的组成。

润滑系统由机油泵、机油冷却器、机油滤清器、机油管路等部件组成，如图 2-5 所示。各部件作用如下：

① 机油泵：只要发动机运转，就使润滑油在发动机的润滑系统中连续不断地流动。

② 机油冷却器：冷却液流经机油冷却器，使润滑油中的热量传递到冷却液中，降低润滑油温度，保持润滑油的特性。

③ 机油滤清器：通过过滤出能损坏发动机零部件的金属颗粒和碎片来清洁润滑油。

④ 油尺：用来检查曲轴箱中的机油量。

⑤ 机油压力表：显示发动机运转时润滑系统的压力。
⑥ 机油底壳：用螺栓固定在发动机的底部，作为发动机润滑的油箱。
⑦ 机油加注管：用来加注润滑油。

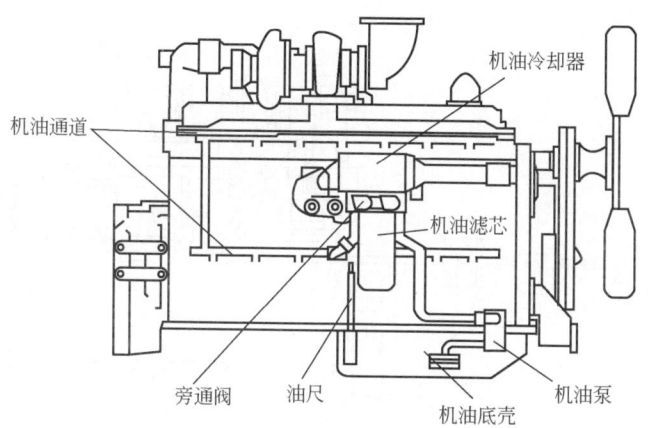

图 2-5　润滑系统的组成

（2）润滑系统运行。
润滑系统工作原理如图 2-6 所示。

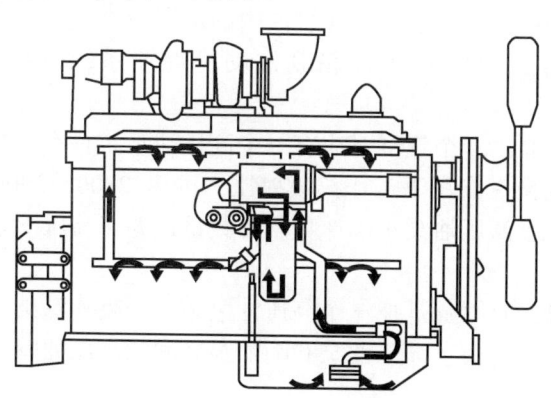

图 2-6　润滑系统的工作原理

（3）润滑油的作用。
① 清洁：通过带走在发动机正常运转时产生的金属颗粒来清洁零部件。
② 冷却：通过吸收和带走热量来冷却发动机的零部件。
③ 润滑：润滑油在两个有相对运动的零件之间形成一层薄的油膜，来

支撑和分开它们。这样就防止了能导致超常磨损的金属对金属的接触。

3）燃油系统

燃油系统由燃油箱、输油泵、滤清器、高压油泵、泵喷嘴、油水分离器等组成（图2-7），各部件作用如下。

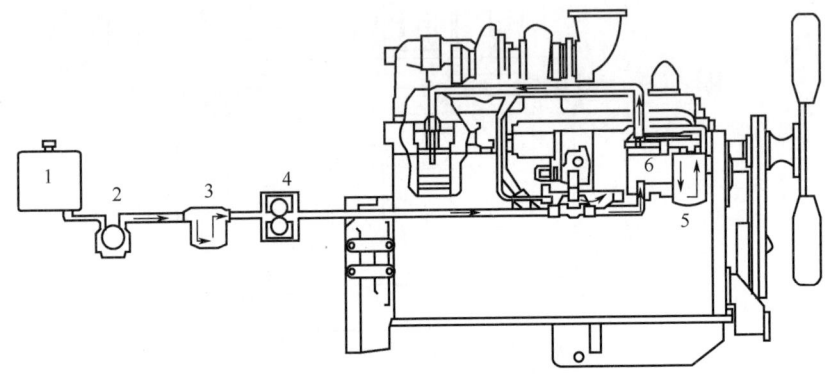

图2-7　燃油系统的组成

1—燃油箱；2—油水分离器；3—燃油粗滤清器；4—输油泵；

5—燃油细滤清器；6—高压油泵或泵喷嘴

（1）燃油箱：储存燃油，沉淀燃油中的水和杂质。

（2）输油泵：维持从燃油箱到发动机燃油系统有恒定的低压燃油流动。

（3）高压油泵：一个气缸对应有一个高压油泵。它不像产生低压燃油的输油泵，高压油泵在高压下工作，喷射压力可达 2800～20000psi（19290～137800kPa）。各个高压油泵正确计量燃油数量，并在高压下泵送到高压油管和喷油嘴。

（4）泵喷嘴：泵喷嘴是把一个高压油泵和一个喷油嘴结合成一个部件。使用了泵喷嘴后，省去了高压油泵和喷油嘴之间的高压油管，这样就可以采用更高的喷射压力。

（5）燃油滤清器：燃油首先经过一个粗滤清器，然后再经过一个细滤清器过滤。干净的燃油对于高压油泵来说非常关键，高压油泵中某些零件之间的间隙只有千分之几英寸，非常细小的脏物都会导致损坏。

（6）油水分离器：油水分离器用来防止被水污染后的燃油引起锈蚀。所有3208发动机都带有油水分离器。

注意：油水分离器不是所有发动机上的标准设备，应该在使用含水燃油的发动机上安装油水分离器。

（7）燃油压力表：燃油压力表用来测量在细滤清器之后的燃油压力。

（8）高压油管：在高压油泵和喷油嘴之间的管路。在预燃式和直喷式发动机上，高压油管用来输送高压燃油。而泵喷嘴则把高压油泵包含在喷油器之中，所以它们不需要高压油管。

4）进排气系统

进排气系统组成及功能如下：

（1）预滤器：过滤掉进气中较大的脏物和碎片。

（2）空气滤清器：防止进气中的污染物和灰尘进入发动机。

（3）空气滤清器保养指示器：指示进气经过空气滤清器的阻力。用它可以精确地确定更换空气滤清器的时间，每台发动机都应该配备一个。

（4）涡轮增压器：利用排气的能量带动涡轮，涡轮又带动压气轮压缩进气，将更多的进气压入气缸中以燃烧更多的燃油，增加发动机的功率输出。

（5）后冷器：后冷器用来冷却经涡轮增压器压缩后，还没进入气缸的进气。这样可以增加进气的密度，因此更多的进气能被压入气缸。

（6）进气和排气总管：进气和排气总管直接与气缸头连接。进气总管把从空气滤清器或涡轮增压器来的干净空气分配进各个气缸；而排气总管从各个气缸收集排气，并把排气引向涡轮增压器或消声器。

（7）消声器：消声器用来降低排气引起的噪声水平。

5）电气系统

电气系统组成如图 2-8 所示。

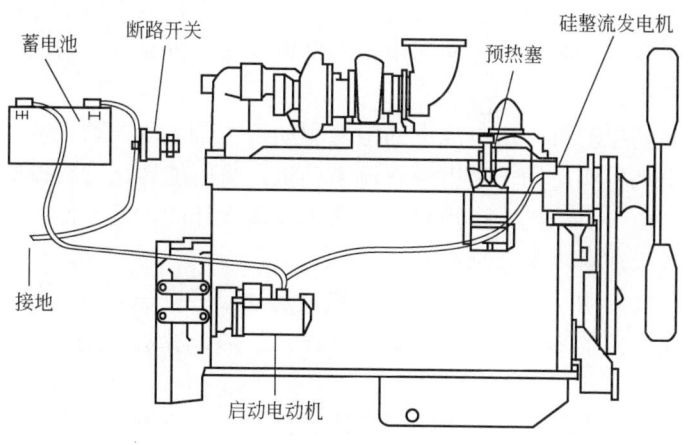

图 2-8　发动机电气系统的组成

(1) 蓄电池。

① 作用。

(a) 当发动机未工作时，给所有用电设备供电。

(b) 当发动机工作，正常发电时，将多余的电能转化为化学能储存起来，即充电。

(c) 当用电量超过发电机的负载能力时，与发电机共同向负载供电。

② 使用和维护。

(a) 电解液的液面高度，夏季每隔 5～6d 检查一次，冬季每隔 10～15d 检查一次，一般情况下，电解液液面高出极柜 10～15mm，不可过高和过低。液面下降时，一般加蒸馏水，若无蒸馏水，可用洁净的雨水或雪水代替。同时应用密度计测电解液密度，应符合要求，气温 25℃时，相对密度应为 1.28。

(b) 电池温度一般为 45℃，超过该值要查找原因，一般可能是发电机电压过高、充电电流太大或蓄能器内部有故障。

注意事项如下：

(a) 在启动困难的情况下，每次启动时间不得超过 5s，重复启动应停歇 3min。

(b) 蓄电池注液孔盖应拧紧，通气应畅通。

(c) 较长时间不用，应将蓄电池拆下，充电后，妥善保存于阴凉通风室内。

(2) 硅整流发电机：产生电能，给电池充电。

硅整流发电机是用硅二极管作整流元件的发电机，作用是将机械能转变成电能，正常工作时，一方面向用电器供电，另一方面将多余的电能供给蓄电池储存备用。

(3) 启动电动机：由电池中的电能驱动，用于启动发动机。

启动电动机实质为一个串激直流电动机，将电能转化为机械能，用以启动发动机。由于启动机是按短时间断续工作而设计的，且工作电流达数百安培，使用时应注意以下事项：

(a) 每次启动时间不得超过 5s，重复启动应停歇 3min 以后进行。

(b) 在寒冷的冬季，应待发动机预热后再启动或严格执行冷启动操作规程。

(c) 若连续启动 3 次失败，应立即进行检查，待故障排除后再启动。

(d) 启动后应立即松开启动按钮，避免损坏启动电动机。

第二章 动力系统

（4）预热塞：预热燃烧室中的空气，以使发动机容易启动。只用在预燃式发动机中。

一些电喷发动机带有蓄电池、交流发电机、电动机，还有一些动力系统没有任何电子设备，本节只介绍配有相关电子设备的电路系统。

一般动力系统电路采用单线、负极接铁制，以机体（或机身）作为导体，使电路形成回路。

4. 进气关断阀

带压作业设备的柴油机全部装有进气关断阀，目的是一旦天然气通过液压系统进入液压油箱，天然气经过呼吸口散发出来进入柴油机后压缩燃烧。常规紧急熄火只是切断燃油，而一旦天然气进入柴油机，即使切断燃油油路，天然气可以提供燃料，柴油机会继续工作，造成飞车等损害。而进气关断阀则直接切断燃烧介质空气，天然气也不会进入柴油机内，保护柴油机。

二、离合器

1. 功用

离合器介于分动箱与发动机之间，用于保护液压泵和柴油机。冬季施工，可以空载启动，柴油机怠速状态预热，一旦柴油机预热完成，合上离合器加载。

2. 结构

离合器结构如图2-9所示。

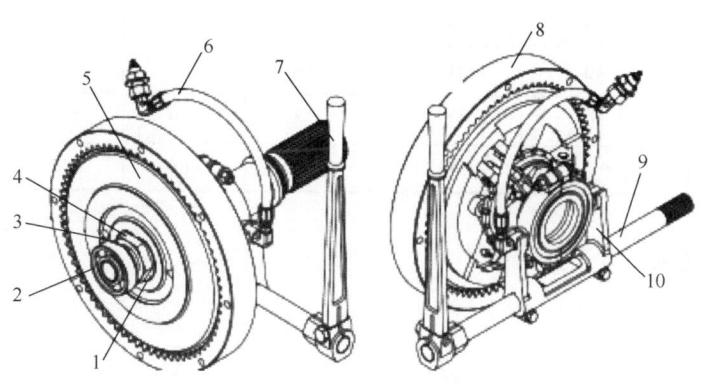

图2-9 离合器的结构

1—垫片头；2—轴承；3—键；4—锁紧螺母；5—摩擦盘；6—注油管线；
7—手柄；8—驱动环；9—连接杆；10—拨叉总成

3. 工作原理

离合器飞轮壳与柴油机飞轮壳连接，齿圈与柴油机飞轮连接，摩擦盘与齿圈相连，浮动盘总成与轴连接，向前推手柄总成，在拨叉总成的作用下，浮动盘总成与摩擦盘结合，离合器合上。向回拉手柄，浮动盘总成与摩擦盘分离，离合器断开。使用过程中，一旦发现打滑迹象，则需要调整调节弹簧。

4. 主要技术参数

离合器主要技术参数包括最大输入扭矩、最大传递功率和最大转速，根据不同工况选择不同参数的离合器，见表 2-2。

表 2-2 离合器主要技术参数

型号	SAE 飞轮壳型号	最大输入扭矩 N·m	最大传递功率 kW				最大转速 r/min
		一级	二级	三级	四级		
C107	6，5，4	240	43	28	21		3200
C108	5，4，3	312	51	34	25		3100
C110	4，3，2	446	73	49	37		3400
SP111	3，2，1	613	95	63	48		3200
SP211	3，2，1	1226	190	128	95		3200
SP311	3，2	2200	286	188	141		3200
SP114	1，0	1085	145	93	70		2400
SP214	1，0	2170	289	188	142		2400
SP314	1，0	3255	434	279	210		2400
SP318	0	8137	698	468	345		1800

三、分动箱

1. 功用

分动箱是将发动机的动力进行分配的装置，动力先由离合器传递到分动箱，再由分动箱分别传递到液压泵，带动液压泵工作（图 2-10）。

第二章 动力系统

DURST分动箱

图 2-10 DURST 分动箱

2. 结构

分动箱由壳体、输入齿轮、输出齿轮等部件组成，动力通过输入齿轮传递到输出齿轮，输出齿轮带动液压泵等执行机构旋转，壳体内充满齿轮油，以保证良好的润滑和散热，如图 2-11、图 2-12 所示。

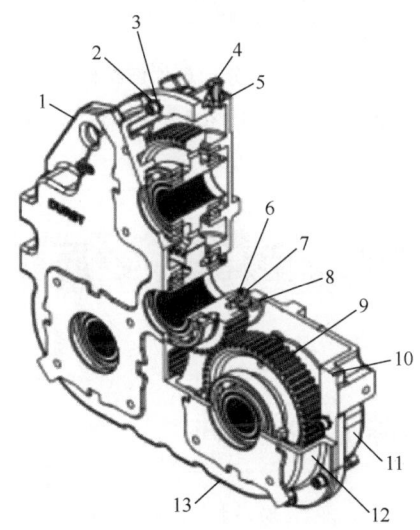

图 2-11 分动箱内部结构

1—油标尺；2—螺栓；3—垫片；4—排气口；5—接头；6—轴承；
7—密封圈；8—输入齿轮；9—输出齿轮；10—销子；
11—输入轴壳体；12—输出轴壳体；13—泄油口

3. 工作原理

高弹性联轴器与发动机的动力轴相连，输入齿轮分别与输出齿轮和惰轮啮合，发动机的动力通过输入齿轮和惰轮传给输出齿轮，输出齿轮以不同转速和转向再将发动机的动力传给输出轴。壳体上设有润滑油池和润滑油管，外侧设有散热筋板。根据驱动口数量，可以将分动箱分为 1PD、2PD、3PD 和 4PD。液压泵通过泵垫与分动箱输出口连接。

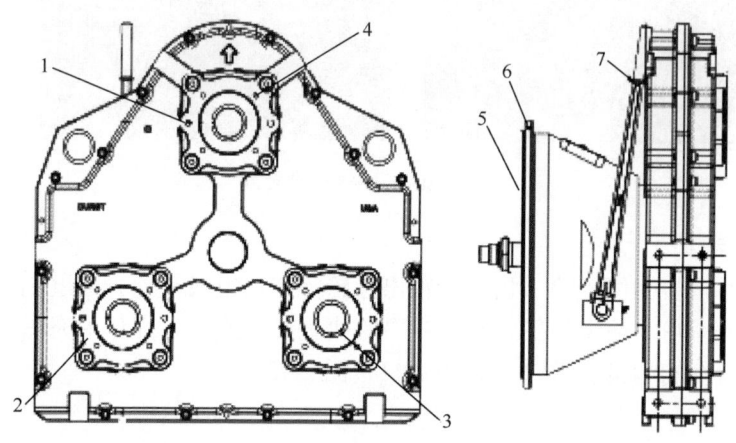

图 2-12　分动箱外部结构

1，4—泵法兰连接螺栓；2—泵垫；3—花键；5—离合器；6—飞轮壳；7—手柄

第二节　液压系统压力源

一、液压系统压力源主要液压件

压力源液压件主要包括液压泵及阀、蓄能器、液压油箱、散热器及滤清器阀（图 2-13）。

1. 液压泵（以双联泵为例）

1）功用

液压泵是液压系统的动力元件，是靠发动机或电动机驱动，从液压油箱中吸入油液，形成压力油排出，送到执行元件的一种元件。液压泵按结构分为齿轮泵、柱塞泵、叶片泵和螺杆泵（图 2-14）。

第二章 动力系统

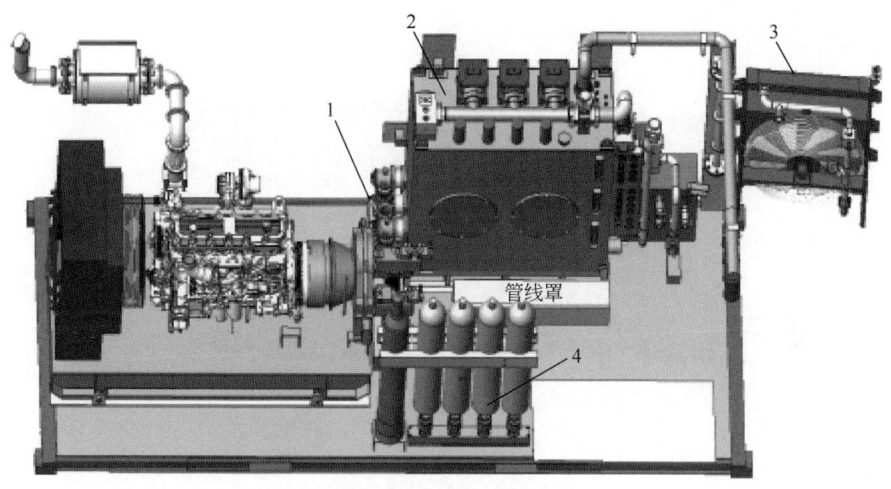

图 2-13 压力源
1—液压泵；2—液压油箱；3—散热器

图 2-14 液压泵

2）液压泵选择

带压作业机的液压系统压力一般为 21MPa，属中低压系统，对压力要求不高。由于对安全性、可靠性的要求，多采用阀控系统，对变量无要求。又因其自身工况的特点，液压油存在被轻度污染的可能。因此，液压泵采用抗污染能力较强、自吸性好、排量大、输出平稳、效率较高、启动力矩小且价格适中的正容积式叶片泵（图 2-15）。

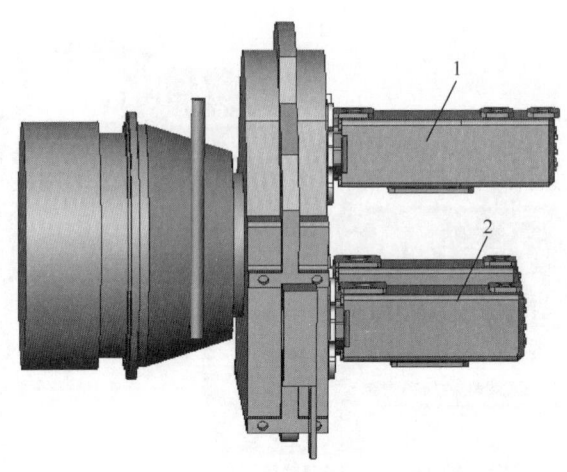

图 2-15 正容积式叶片泵

1—三联泵；2—双联泵

带压作业机中每个系统的工况不同，液压泵的排量也不同，需要选择不同排量的液压泵。

（1）举升机液缸液压泵总排量。

$$Q_{\text{jack}} = \frac{0.7854ND^2H}{v} \quad （2-1）$$

式中　Q_{jack}——液压泵排量，m^3/min；

N——液缸数量；

D——液缸内径，m；

H——液缸行程，m；

V——举升机液缸速度，m/s。

（2）蓄能器液压泵排量。

根据 API 16D 的要求，液压泵能够在 15min 以内充满所有蓄能器，因此蓄能器泵的排量为：

$$Q_{\text{acc}} = \frac{nV_{\text{acc}}}{15} \quad （2-2）$$

式中　Q_{acc}——蓄能器液压泵最小排量，L/min；

n——液缸数量；

V_{acc}——蓄能器容积，L。

（3）绞车、转盘、液压钳、散热器液压泵排量。

根据液压马达型号选择液压马达所需的最大流量，从而确定泵的最大排量。

3）结构及工作原理

叶片泵由转子、定子、叶片、配油盘和壳体等组成（图2-16）。

定子具有圆柱形内表面，定子和转子间存在偏心距，叶片装在转子槽中，并可在槽内滑动。当转子回转时，由于离心力的作用，使叶片紧靠在定子内壁，这样，在定子、转子、叶片和两侧配油盘间就形成了若干个密封的工作空间。当转子按逆时针方向回转时，叶片逐渐伸出，叶片间的空间逐渐增大，从吸油口吸油，即吸油腔。叶片被定子内壁逐渐压进槽内，工作空间逐渐缩小，将油液从压油口压出，这就是压油腔。在吸油腔和压油腔之间有一段封油区，把吸油腔和压油腔隔开。这种叶片泵每转一周，每个工作腔就完成一次吸油和压油，因此称之为单作用叶片泵。转子不停地旋转，泵就不断地吸油和排油。

改变转子与定子的偏心量，即可改变泵的流量。偏心量越大，流量越大。若将转子与定子调成几乎是同心的，则流量接近于零。因此单作用叶片泵大多为变量泵。

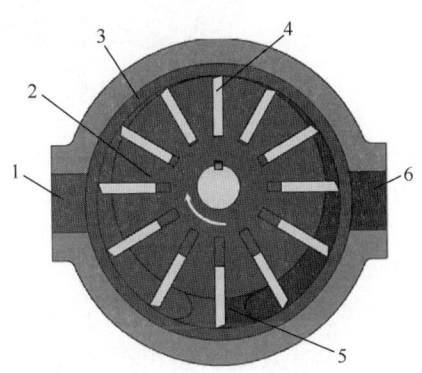

图2-16　单作用叶片泵结构

1—高压口；2—转子；3—定子；4—叶片；5—配油盘；6—吸油口

2．溢流阀和卸荷阀

1）功用

溢流阀是一种液压压力控制阀，在液压设备中主要起定压溢流、系统卸荷和安全保护作用。

卸荷阀主要用于装有蓄能器的液压回路中，当蓄能器充液压力达到阀的设定压力时自动地使液压泵卸荷。阀中有内装单向阀1防止蓄能器中的带压油液倒流。此时由蓄能器维持对系统供油而泵卸荷，从而收到节能效果。当蓄能器中油液压力降至到卸荷阀设定压力的85%左右时，卸荷阀又复载，液压泵恢复向蓄能器充液（图2-17）。

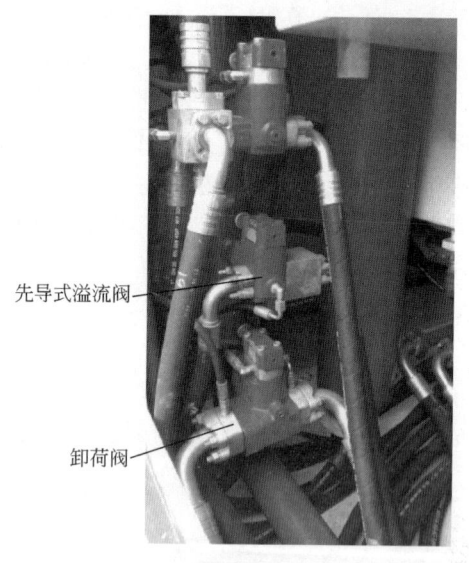

图2-17 溢流阀和卸荷阀

2）结构与工作原理

（1）溢流阀的结构与工作原理。

先导溢流阀包括先导阀和主阀两部分（图2-18）。其工作原理为工作时，液压力同时作用于主阀芯及先导阀芯的测压面上。当先导阀未打开时，阀腔中油液没有流动，作用在主阀芯上下两个方向的压力相等，但因上端面的有效受压面积大于下端面的有效受压面积，主阀芯在合力的作用下处于最下端位置，阀口关闭。当进油压力增大到使先导阀打开时，液流通过主阀芯上的阻尼孔、先导阀流回油箱。由于阻尼孔的阻尼作用，使主阀芯所受到的上下两个方向的液压力不相等，主阀芯在压差的作用下上移，打开阀口，实现溢流，并维持压力基本稳定。调节先导阀的调压弹簧，便可调整溢流压力。

（2）卸荷阀的结构与工作原理。

卸荷阀由溢流阀和单向阀组成（图2-19）。当系统压力达到溢流阀的开启压力时,溢流阀开启,泵卸荷;当系统压力降至溢流阀的关闭压力时,溢流阀关闭,泵向系统加载。使泵卸荷时的压力称为卸荷压力,使泵处于加载状态的压力称为加载压力。

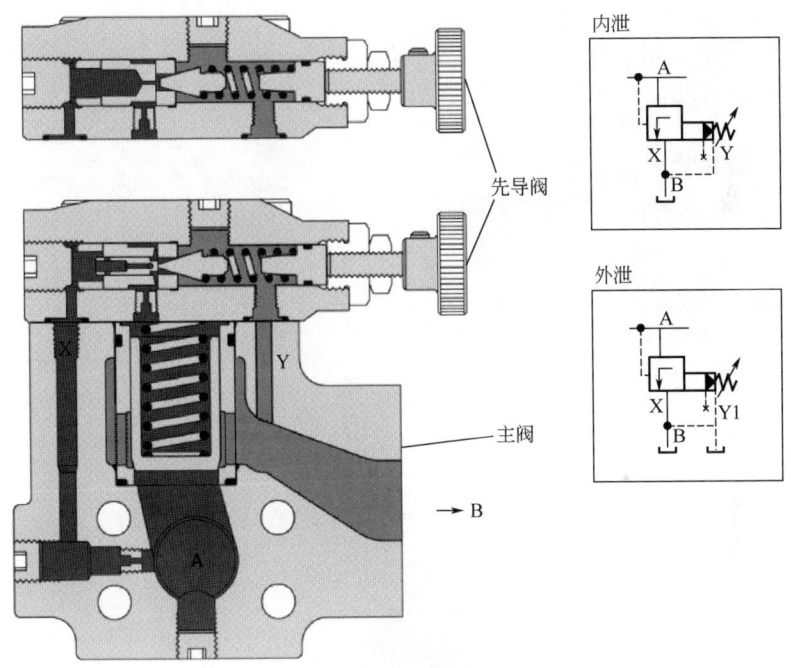

图 2-18 先导溢流阀结构

A—进油口;B—出油口;X—先导油口;Y/Y1—压力反馈油口

卸荷阀的主要功能是自动控制泵的卸荷或加载。鉴于卸荷阀的功用,要求卸荷压力与加载压力之间存在一定差别。差值过小,则泵的卸荷与加载动作过于频繁;差值过大,则系统压力变化太大。

加载压力与卸荷压力的差值是卸荷阀的重要性能指标,一般加载压力为卸荷压力的85%左右,其性能与溢流阀相同。

3. 蓄能器

1) 功用

蓄能器安装在动力系统内(图2-20),为卡瓦和环空密封系统提供动力,液压泵将压力油泵入蓄能器内储存。蓄能器具有以下功能:

(1) 保持环空密封系统的压力。

(2) 一旦动力系统失效,可以通过蓄能器进行应急处理。

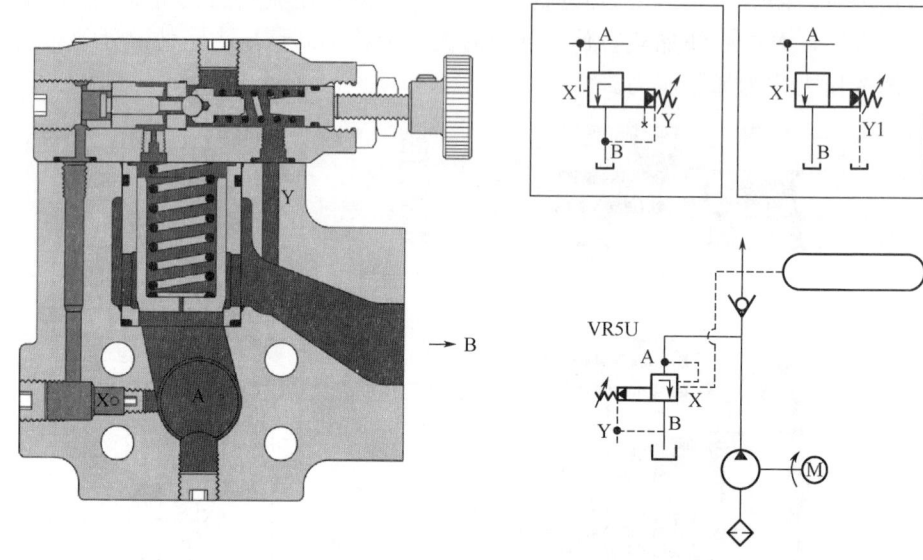

图 2-19 卸荷阀结构

A—进油口；B—出油口；X—先导油口；Y/Y1—压力反馈油口

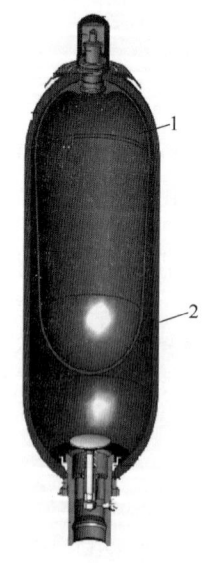

图 2-20 蓄能器

1—皮囊；2—壳体

第二章 动力系统

2）结构

蓄能器由皮囊和壳体两部分组成。其中胶囊内预充入（7±0.7）MPa 的氮气。蓄能器壳体下部有一个托盘，瓶内无压力油时，此盘在胶囊氮气压力作用下下移，并和接头体锥面接触，封闭内腔，打开过程中，蓄能器随压力增高而逐渐打开。

3）工作原理

用泵将液压油从蓄能器下方的油口打入壳体与皮囊间预充氮气后的小空间里，空间里的液压油随着打入油量的增多而升高，当油压高于预充的氮气压力时，挤压皮囊，使皮囊内氮气体积缩小，充入的油量越多，压力就越高，氮气体积越小，直到充到上限压力为止。当液压油从下部油口放出时，压力随缩放油量而下降，氮气随之膨胀，将油挤出，直到油压降到下限，开始重新补压。

4）蓄能器参数计算

（1）蓄能器计算依据。

① 根据《加拿大带压作业行业推荐规范》（Enform IRP15-2011）中 15.3.1.3 所述：蓄能器功能要求液量（FVR），在泵不工作的情况下满足以下两种情况：

（a）在工作环形防喷器保持关闭的状态下，每一台工作闸板防喷器可以开关一次，平衡阀和放压阀可以分别开关一次。

（b）完成以上操作后，蓄能器依然能够保持不低于 8.4MPa 的压力。

② 根据《钻井控制设备控制系统和分流设备控制系统的规范》（API Spec 16D：2004）中 5.1.4 所述：蓄能器最低可用液量 FVR，在泵不工作的情况下，满足以下两种情况：

（a）在井筒压力为零的情况下，从全开状态至完全关闭所需液量的 100% 为功能要求液量。这些功能要求液量由防喷器制造厂给定，它包括关闭一个环形防喷器和防喷器组中的所有闸板防喷器的液量，及打开防喷器组一侧的节流阀或压井阀的液量。蓄能器在容积极限排放情况下的容积设计系数应根据《钻井控制设备控制系统和分流设备控制系统的规范》（API Spec 16D：2004）中 4.2.3.1 中选定的计算方法来确定。如果不止一个环形防喷器，设计时应按关闭液量要求最大的来计算。

（b）在排放完所要求的液量后，该液量已考虑压力极限排放的容积设计系数，蓄能器中剩余液体的计算压力，应大于关闭一个环形防喷器、任一闸板防喷器（不包括剪切闸板）及在防喷器组最大井筒压力下打开一侧的放喷阀并使其保持打开状态时计算的所需最小操作压力。在压力极限排放情况下的容积设计系数应根据 API Spec 16D：2004 中 4.2.3.1 中选定的计算方法来确定。

（2）蓄能器数量计算。

① 根据《加拿大带压作业行业推荐规范》（Enform IRP15-2011）中 15.3.1.3 要求，蓄能器的容积计算：

$$BV=FVR/VE_v \qquad (2-3)$$

式中　BV——蓄能器总容积，m^3；

VE_v——容积极限下的容积率；

FVR——最低可用液量，m^3。

② 根据《加拿大带压作业行业推荐规范》（Enform IRP15-2011）计算验证：

$$n_1=BV/V_{ACC} \qquad (2-4)$$

③ 根据《钻井控制设备控制系统和分流设备控制系统的规范》（API Spec 16D：2004）中 5.1.4 要求，蓄能器的容积的计算：

$$BV=FVR/VE_v \qquad (2-5)$$

④ 计算蓄能器的数量：

$$n_2=BV/V_{ACC} \qquad (2-6)$$

⑤ 安全报警：

报警压力应满足以下条件：在关闭一个闸板防喷器以后，蓄能器的剩余压力不低于 8.4MPa，因此，报警压力一般设置为 9MPa。

4. 液压油箱

1）功用

液压油箱一般安装在动力系统内（图 2-21），在液压系统中除了储油外，还起着散热、分离油液中的气泡、沉淀杂质等作用。

图 2-21　液压油箱

第二章 动力系统

2）液压油箱结构

液压油箱中安装有很多辅件（图 2-22），包括吸油滤芯、回油滤芯、呼吸口、温度计、液位计等。

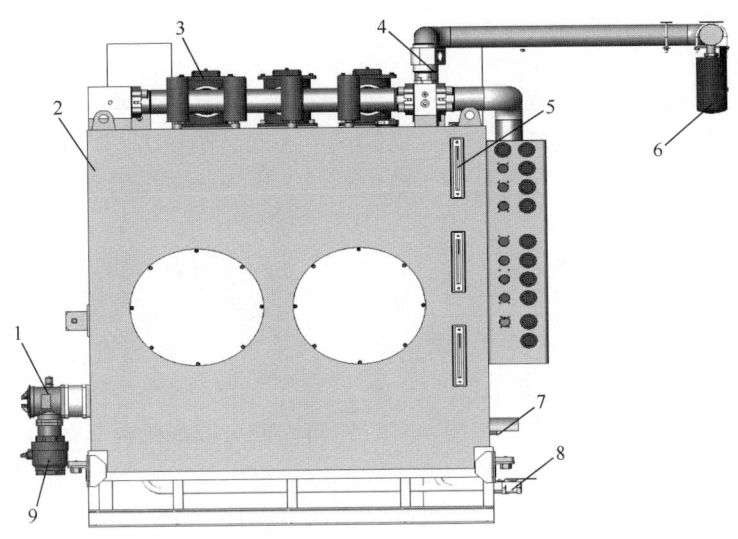

图 2-22 液压油箱

1—吸油滤芯；2—液压油箱；3—回油滤芯；4—呼吸口；5—液位计；

6—空气干燥器；7—温度计；8—排泄阀门；9—球阀（蝶阀）

液压油箱安装的注意事项如下：

（1）油箱必须有足够大的容积。一方面尽可能地满足散热的要求，另一方面在液压系统停止工作时应能容纳系统中的所有工作介质，工作时又能保持适当的液位。

（2）吸油管及回油管应插入最低液面以下，以防止吸空和回油飞溅产生气泡。管口与箱底、箱壁距离一般不小于管径的 3 倍。吸油管可安装 100μm 左右的网式或线隙式过滤器，安装位置要便于装卸和清洗过滤器。回油管口要斜切 45°并面向箱壁，以防止回油冲击油箱底部的沉积物，同时也有利于散热。

（3）吸油管和回油管之间的距离应尽可能地远，之间应设置隔板，以加大液流循环的途径，这样能达到提高散热、分离空气及沉淀杂质的效果。隔板高度为液面高度的 2/3～3/4。

（4）为了保持油液清洁，油箱应有周边密封的盖板，盖板上装有空气过滤器，注油及通气一般都由一个空气过滤器来完成。为便于放油和清理，箱底要有一定的斜度，并在最低处设置放油阀。对于不易开盖的油箱，要设置清洗孔，以便于油箱内部的清理。

(5) 油箱底部应距地面 150mm 以上，以便于搬运、放油和散热。在油箱的适当位置要设置吊耳，以便吊运，还要设置液位计，以监视液位。

3) 分类

(1) 油箱可分为开式油箱和闭式油箱两种。开式油箱箱中液面与大气相通，在油箱盖上装有空气过滤器，结构简单，安装维护方便，液压系统普遍采用这种形式；闭式油箱一般用于压力油箱，内充一定压力的惰性气体，充气压力可达 0.05MPa。

(2) 按油箱的形状来分，还可分为矩形油箱和圆罐形油箱。矩形油箱制造容易，箱上易于安放液压器件，所以被广泛采用；圆罐形油箱强度高，重量轻，易于清扫，但制造较难，占地空间较大，在大型冶金设备中经常采用。

4) 液压油箱容量计算

油箱容量与系统的流量有关，一般油箱容量可取最大流量的 3~5 倍。另外，油箱容量大小可从散热角度去设计。计算出系统发热量与散热量，再考虑冷却器散热后，从热平衡角度计算出油箱容量，带压作业机一般依靠冷却器散热，因此只需考虑最大流量。

5. 散热器

1) 功用

液压系统中高温油流经液压油散热器（图 2-23），在换热器中与强制流动的冷空气进行高效热交换，使油温降至工作温度以确保主机可以连续进行正常运转，使工作能够顺利开展。散热器一般分为水冷和风冷两种形式，带压作业机一般采用风冷形式。

图 2-23 液压油散热器

2）散热器参数

（1）总热量 Q。

总热量 Q 的单位一般按每分钟英热单位来表述，符号为 Btu/min，不同设备产生的热量不同，参考 Thermal Transfer Products 公司 OCA 系列散热器，一般热量按照设备最大功率的 25%～50%计算，例如设备最大功率为 100hp，则产生的热量为 100hp×0.3=30hp 的热量，功率转换成热量系数一般取 42.41，换算成每分钟热量为 30×42.41=1272.3Btu。

（2）入口温差 ETD。

入口温差为液压油允许的最高温度减去环境温度。

（3）校正总热量 $Q_{corrected}$

$$Q_{corrected} = Q\frac{100 \times C_v}{ETD} \qquad (2-7)$$

式中　C_v——液压油黏度系数，见表 2-3。

表 2-3　液压油黏度系数

温度，℉	SAE 5	SAE 10	SAE 20	SAE 30	SAE 46	ISO 22	ISO 32	ISO 46
100	1.12	1.16	1.26	1.39	1.46	1.09	1.15	1.27
110	1.10	1.13	1.21	1.33	1.41	1.07	1.14	1.26
120	1.07	1.11	1.18	1.28	1.36	1.05	1.12	1.21
130	1.06	1.09	1.14	1.25	1.30	1.04	1.10	1.18.
140	1.04	1.06	1.12	1.20	1.26	1.03	1.09	1.17
150	1.02	1.05	1.10	1.17	1.23	1.03	1.07	1.14
200	0.99	1.00	1.02	1.05	1.08	0.99	1.00	1.02
250	0.96	0.97	0.98	0.99	1.00	0.96	0.97	0.97

（4）根据计算出的总热量和流量选择合适的散热器，原则上散热效果高于总热量的散热器均可。

6. 吸油滤清器

吸油滤清器是用来保护泵，使其不致吸入较大的机械杂质，根据泵的要求，可用粗的或普通精度的滤油器，为了不影响泵的吸油性能，防止发生气穴现象,滤油器的过滤能力应为泵流量的两倍以上，压力损失不得超过 0.01～

0.035MPa（图 2-24）。

图 2-24 吸油滤清器

吸油滤清器一般采用箱外自封式结构，安装在液压油箱侧面，吸油筒浸入油箱内液面之下，过滤器滤头露在油箱外，带有自封阀、旁通阀、滤芯污染指示器等装置。更换或清洗滤芯时，可在箱外进行，拆卸、安装方便，并且油箱内油液不会流出。当滤芯堵塞后，又不得立即停机检修，油液可经过旁通阀循环，适时停机清洗或更换滤芯；压差指示器为机械目测结构，滤芯堵塞，影响油液压差，指针摆动，当指向红色区域时，应停机清洗或更换滤芯。

7. 回油滤清器

用来过滤液压系统中的杂质，使其不致进入油箱，一般选用高精度的滤清器，为了降低回油压力，滤清器的过滤能力应为最大流量的 1.5 倍以上，压力损失不得超过 0.035MPa（图 2-25）。

回油滤清器配备旁通阀和压差指示器，滤清器过滤液压油中固体杂质，防止管路中的杂质进入油箱，保持油液清洁；当滤清器堵塞后，不得立即停机检修，油液可经过旁通阀循环，适时停机清洗或更换滤芯；压差指示器为机械目测结构，滤芯堵塞会影响油液压差，当指示器向上凸起或指针指向红色区域，则需要停机清洗或更换滤芯。

第二章 动力系统

图 2-25 回油滤清器

第三节 压力源液压回路

压力源主要包括举升机液缸控制回路压力源、转盘控制回路压力源、液压钳控制回路压力源、环空密封系统控制回路压力源、桅杆绞车系统控制回路压力源和散热器控制回路压力源（图 2-26）。通常液压油泵是通过发动机、离合器和分动箱带动的（图 2-27），但有些一体式带压作业机常用发动机的取力器连接油泵，提供液压动力（图 2-28）。

一、举升机液缸控制回路压力源

液压泵将液压油升压，通过溢流阀，经过单向阀后合并进入举升机控制系统。两个单向阀使两组液压泵相互独立，互不影响。两个旁通阀控制溢流阀。旁通阀打开，溢流阀卸荷，泵循环；旁通阀关闭，溢流阀加载，通过快速接头为举升机提供动力。当液压油温度较高，可以旁通其中一个泵，其他液压泵工作，降低温度（图 2-29）。

溢流阀压力设置：拆掉供油管线，两个旁通阀均处于旁通状态，关闭其中一个旁通阀，顺时针旋转溢流阀旋钮，观察压力表数值，调节溢流阀压力至设定值，打开旁通阀。同理设置另外一个溢流阀压力。一般情况下两个溢流阀压力设置分别为 17.2MPa 和 18.6MPa。

旁通阀一般采用针形节流阀，也可采用球阀，在单流阀和快速接头之间一般安装一个针形阀，用于泄掉单流阀与快速接头之间的压力。溢流阀采用先导溢流阀。

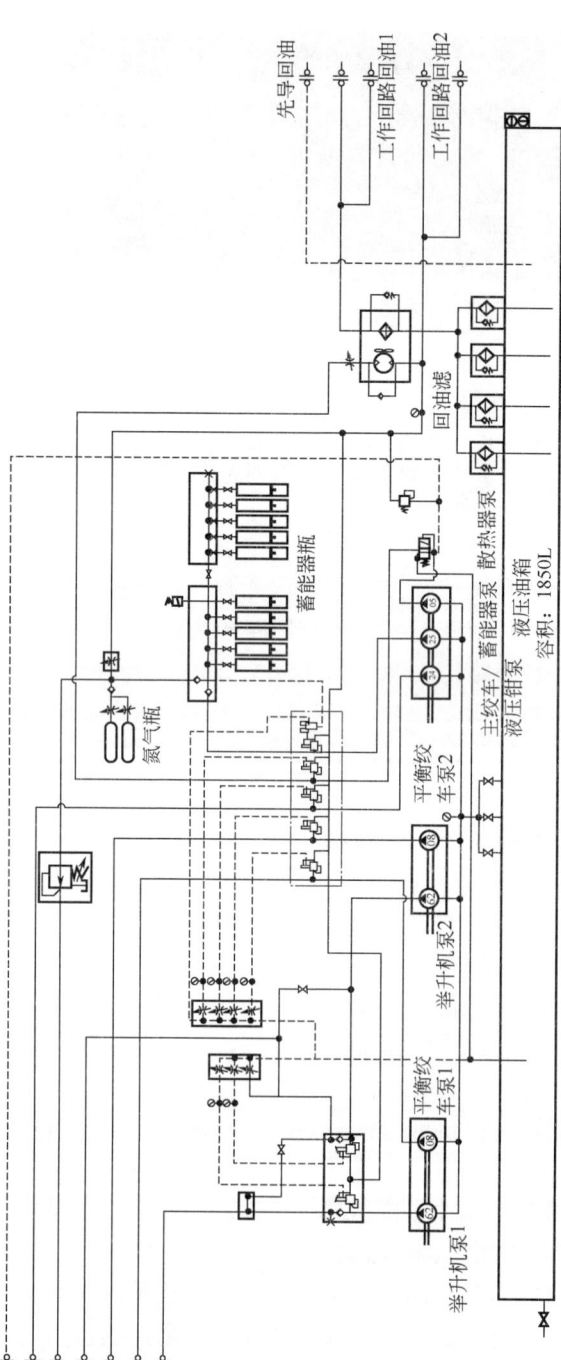

图 2-26 动力系统液压原理图

第二章　动力系统

图 2-27　常规动力系统

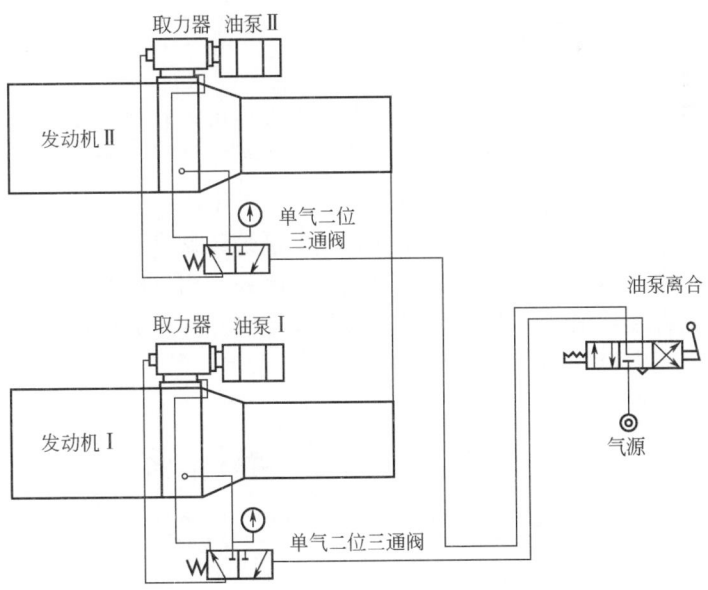

图 2-28　发动机取力器连接油泵

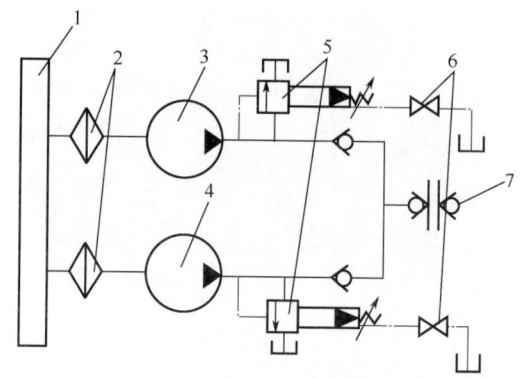

图 2-29 举升机控制回路压力源

1—液压油箱；2—吸油滤清器；3—1 号泵；4—2 号泵；
5—溢流阀；6—旁通阀；7—快速接头

二、转盘控制回路压力源

转盘液压泵将液压油升压，通过溢流阀直接进入转盘控制系统，旁通阀控制溢流阀，旁通阀打开，溢流阀卸荷，液压泵循环；旁通阀关闭，溢流阀加载，通过快速接头为转盘提供动力。某些大型带压作业机转盘扭矩大、转速高、泵排量大，一般会切换举升机的一个泵给转盘供油（图 2-30）。

转盘压力设置：卸掉转盘供油管线，关闭旁通阀，顺时针旋转溢流阀旋钮，观察压力表数值，调节溢流阀压力至设定值，打开旁通阀。一般情况下两个溢流阀压力设置为 17.2MPa。

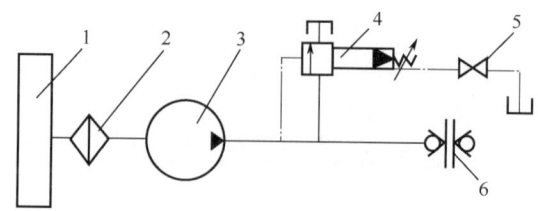

图 2-30 转盘控制回路压力源

1—液压油箱；2—吸油滤芯；3—液压泵；
4—溢流阀；5—旁通阀；6—快速接头

三、液压钳控制回路压力源

液压泵将液压油升压，通过溢流阀直接进入液压钳控制系统，旁通阀控制溢流阀，旁通阀打开，溢流阀卸荷，液压泵循环；旁通阀关闭，溢流阀加载，通过快速接头为液压钳提供动力（图 2-31）。

液压钳压力设置：卸掉液压钳供油管线，关闭旁通阀，旋转溢流阀旋钮，观察压力表数值，调节溢流阀压力至设定值，打开旁通阀。一般情况下溢流阀压力设置为 17.2MPa。

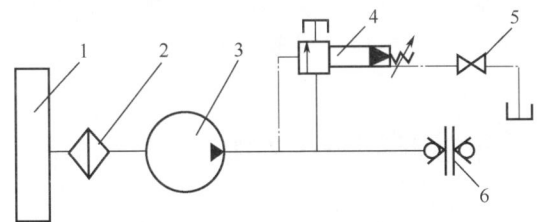

图 2-31 液压钳控制回路压力源
1—液压油箱；2—吸油滤芯；3—液压泵；4—溢流阀；5—旁通阀；6—快速接头

四、环空密封系统控制回路压力源

液压泵将液压油升压，通过卸荷阀和单向阀，进入蓄能器组储存，蓄能器组由若干个蓄能器组成，蓄能器中预充 7MPa 的氮气，当蓄能器中的油压升到设定值时，卸荷阀打开，液压泵卸荷。当蓄能器的油压降低至一定值时，卸荷阀关闭，液压泵自动加载向蓄能器里补充液压油，这样，蓄能器里将始终维持有所需要的压力。旁通阀控制卸荷阀，旁通阀打开，卸荷阀卸荷，泵循环；旁通阀关闭，卸荷阀工作。针形阀用于泄掉蓄能器内压力。蓄能器装有低压报警装置，当压力低于 8.4MPa 时会发出警报（图 2-32）。

蓄能器压力设置：关闭旁通阀，打开针形阀，调节卸荷阀旋钮至某个值，关闭针形阀，蓄能器加载，观察卸荷阀卸载压力，如果低于预设值，顺时针旋转卸荷阀，打开针形阀，蓄能器卸载至开始补压，关闭针形阀，观察卸荷阀卸载压力，反复调节直到达到预设值，蓄能器压力一般设置为 10.5MPa。

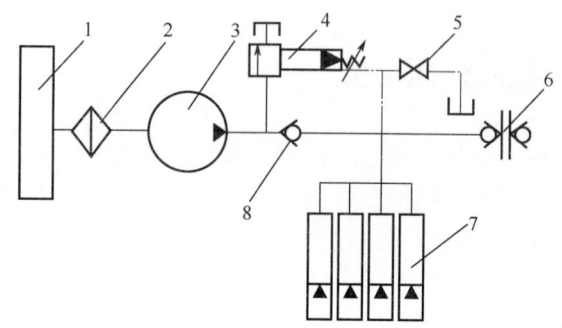

图 2-32　环空密封系统控制回路压力源

1—液压油箱；2—吸油滤芯；3—液压泵；4—卸荷阀；5—旁通阀；
6—快速接头；7—蓄能器组；8—单流阀

五、桅杆绞车系统控制回路压力源

液压泵将液压油升压，通过两个溢流阀进入绞车控制系统，两个旁通阀分别控制两个溢流阀。旁通阀打开，溢流阀卸荷，泵循环；旁通阀关闭，泵加载，液压油通过快速接头和进入绞车系统，如果桅杆采用液缸升降，一般会利用环空密封系统压力源升降桅杆；如果采用绞车升降，一般采用绞车压力源升降桅杆（图2-33）。

绞车压力设置：卸掉绞车供油管线，关闭旁通阀，旋转溢流阀旋钮，观察压力表数值，调节溢流阀压力至设定值，打开旁通阀。一般情况下两个溢流阀压力设置为16.5MPa。

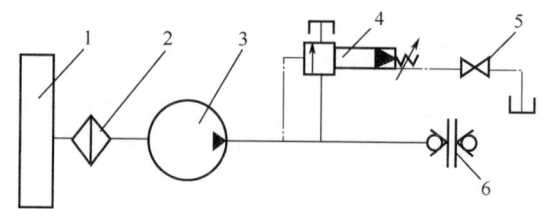

图 2-33　桅杆绞车控制回路压力源

1—液压油箱；2—吸油滤芯；3—液压泵；
4—溢流阀；5—旁通阀；6—快速接头

六、散热器控制回路压力源

液压泵将液压油升压,通过溢流阀直接进入散热器马达,旁通阀控制溢流阀,旁通阀打开,溢流阀卸荷,液压泵循环;旁通阀关闭,溢流阀加载,为散热器马达提供动力(图2-34)。

带压作业机一般包括两种散热方式,一种为回油散热,即主机回油全部或部分流入散热器,经过散热器冷却后流回液压油箱,回油路上会安装安全阀,保护散热器,某些设备在回油路上装有节温器,自动控制流经散热器的流量;另外一种方式是采用循环散热,单独一个液压泵将液压油泵入散热器后,再流回液压油箱,反复循环。两种散热方式均满足带压作业机的要求,一般液压油温度不能超过80℃。

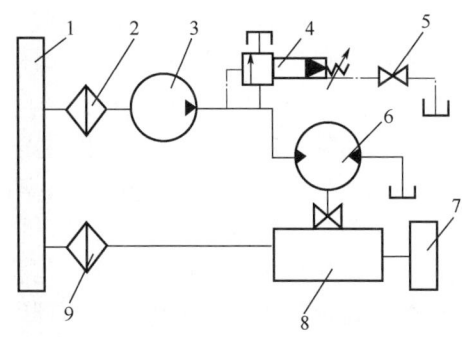

图2-34 液压油散热器控制回路压力源
1—液压油箱;2—吸油滤芯;3—液压泵;4—溢流阀;5—旁通阀;
6—散热器马达;7—回油汇集块;8—散热器;9—回油滤芯

第四节 气路系统

一、气源回路

发动机空气压缩机将压缩空气通过卸荷阀输送到储气罐内,当压力达到

卸荷阀设定值后，空气压缩机卸荷。储气罐内压缩空气通过快速接头输送到司钻台，分成两路，一路用于油门控制，一路用于紧急熄火（图2-35）。

（1）空气压缩机：一般位于发动机右侧前部，由曲轴端皮带轮驱动；强制水冷，润滑；冷却管线与发动机冷却水相连，润滑管线与发动机润滑系统相连。

（2）调压阀：安装在空气压缩机缸体侧部，调定控制气压系统空气压力，调定值为（0.8+0.05）MPa。当系统气压升高，达到调定值时，调压阀动作发出气动信号，分两路，一路信号接通空气压缩机卸荷阀，顶开各气缸进气阀门，空气压缩机置空负荷运转状态，停止向气压系统供气；另一路信号接通干燥器排泄口，干燥器储气室内的改造空气迅速反向流动，吸附干燥剂层的水分，迅速排出干燥器体外。系统压力低于调定值，调压阀信号消失，空气压缩机卸荷阀复位，空气压缩机重新进入正常工作状态，同时，干燥器排泄口关闭，干燥器重新开始工作，吸附干燥系统压缩空气。

（3）干燥器：连接在空气压缩机的输出气路处，吸附再生式结构，内装干燥剂，当湿空气流过时吸附水分，输出干燥空气。当系统压力达到调定值时，调压阀发出指令，空气压缩机输出口排空，同时打开干燥器排泄口，干燥器储气室内的干燥空气迅速反向流动，经干燥剂层，吸附其中的水分，并排出干燥器，使其干燥剂再生。系统压力低于调定值，调压阀气信号消失，空气压缩机卸荷阀复位，空气压缩机重新进入正常工作状态，继续向系统供应压缩空气，同时，干燥器排泄口关闭，干燥器重新开始工作，吸附干燥系统压缩空气。干燥器排泄口装有电热塞，当气温低于0℃时自动将电源接通，加热排泄口，防止冰冻。

（4）空气滤清器：旋风滤芯结构，压缩空气进入滤清器，在导流片的作用下飞速旋转，离心力迫使较大的水滴和固定杂质抛向筒壁，集聚到下部排泄口，压缩空气再经滤芯过滤，进一步净化。

（5）自动排水器：浮球结构，进水口与滤清器排泄口连接，当聚集的液面升高到设定位置，将浮球抬起，打开排泄口，排除废液。

（6）防冻器：当气温低于0℃时，可向防冻器内加注乙二醇，空气通过防冻器时乙二醇雾化在压缩空气中，降低管道中水分的凝固点，防止空气管道冻裂、冰堵。

（7）储气罐：配置安全阀，超压自动排气，顶起排放罐内冷凝液，确保气压系统干燥。

第二章　动力系统

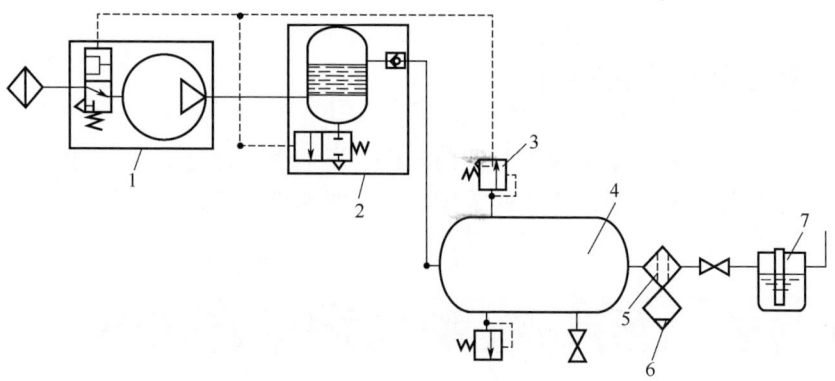

图 2-35　气源回路

1—空气压缩机；2—干燥器；3—卸荷阀；4—储气罐；
5—空气滤清器；6—自动排水器；7—防冻器

二、油门控制回路

电喷气动油门为气动单向膜片气缸，装有复位弹簧，活塞杆处设有行程调节杠杆机构。当操作手操作油门控制阀时，被调制的压缩空气进入膜片气缸，推动活塞杆伸出，偏摆发动机调节杆，使发动机提速（图 2-36）。

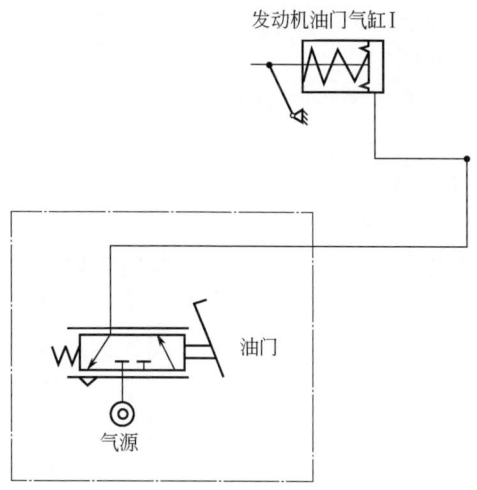

图 2-36　油门控制回路

三、紧急熄火控制回路

电喷发动机紧急熄火原理与油门一样，压缩空气通过二位三通阀，进入发动机紧急熄火阀，紧急熄火阀关闭，切断发动机进气，从而关闭发动机。

第五节 动力系统调试

一、空负荷运转

（1）所有旁通阀处于开位，所有溢流阀处于开位。
（2）启动柴油机，怠速运转5min，然后提高转速至1000r/min。
（3）挂合离合器。
（4）循环液压油，检查是否有渗漏。

二、带负荷运转

（1）逐个关闭旁通阀。
（2）循环液压油，检查是否有渗漏。

三、设置溢流阀压力

（1）打开所有旁通阀，关闭要设置溢流阀的旁通阀。
（2）顺时针旋转，设置溢流阀压力。
（3）达到设定值后打开旁通阀，继续设置其他溢流阀。
（4）检查是否有渗漏。
（5）设置蓄能器压力，打开蓄能器旁通阀，调节卸荷阀压力至某个值。
（6）关闭蓄能器旁通阀，观察压力变化，如果泵卸荷值高于或低于预设值，则打开旁通阀，泄压，继续设置卸荷阀，关闭，观察，直到设置到预设值。

第二章　动力系统

四、低压报警装置测试

（1）关闭低压报警开关，蓄能器补压。

（2）打开低压报警开关，泄压，直到低压报警响起，查看低压报警值（要求低压报警值为 8.4MPa）。

（3）如果高于 8.4MPa，则调小低压报警开关值；如果低于 8.4MPa，则调高低压报警开关值，继续测试。

五、停机备用

（1）打开所有旁通阀。
（2）脱开离合器。
（3）将柴油机转速降为怠速，怠速运转 2min。
（4）关闭发动机。

本章知识要点

（1）动力系统组成部分。
（2）柴油机选择与计算。
（3）柴油机各组成部分功能。
（4）离合器结构及工作原理。
（5）分动箱结构及工作原理。
（6）液压泵选择与计算。
（7）叶片泵结构及工作原理。
（8）溢流阀和卸荷阀结构及工作原理。
（9）蓄能器数量计算。
（10）蓄能器结构及工作原理。
（11）液压油箱容积计算。
（12）散热器选择与计算。
（13）吸油滤清器和回油滤清器结构与工作原理。

（14）举升下压系统控制回路压力源。
（15）环空密封系统控制回路压力源。
（16）转盘系统控制回路压力源。
（17）液压钳系统控制回路压力源。
（18）桅杆绞车系统控制回路压力源。
（19）散热器系统压力源。
（20）动力系统气源回路。
（21）油门控制回路。
（22）紧急熄火控制回路。
（23）动力系统电路。
（24）动力系统现场调试。

思考题

（1）动力系统由哪些部分组成？
（2）如何选择柴油机？
（3）柴油机由哪些部分组成及各部分功能是什么？
（4）如何选择液压泵？
（5）如何确定蓄能器数量？
（6）如何计算液压油箱容积？
（7）如何选择散热器？
（8）举升下压系统压力源如何控制？
（9）环空密封系统压力源如何控制？
（10）转盘系统压力源如何控制？
（11）液压钳系统压力源如何控制？
（12）绞车系统压力源如何控制？
（13）散热器系统压力源如何控制？
（14）动力系统气源回路如何控制？
（15）油门回路如何控制？
（16）紧急熄火回路如何控制？
（17）动力系统现场如何调试？

第三章 控制系统

第一节 操作台介绍

控制系统即通过阀门控制各执行机构,包括举升下压控制系统、环空密封控制系统、桅杆绞车控制系统。所有控制阀都集成在操作台上,一般举升下压控制系统和环空密封控制系统控制阀安装在一个操作台上(图3-1),某些美式设备将举升下压控制系统与环空密封控制系统分开独立操作(图3-2),绞车控制系统采用单独操作台控制(图3-3)。

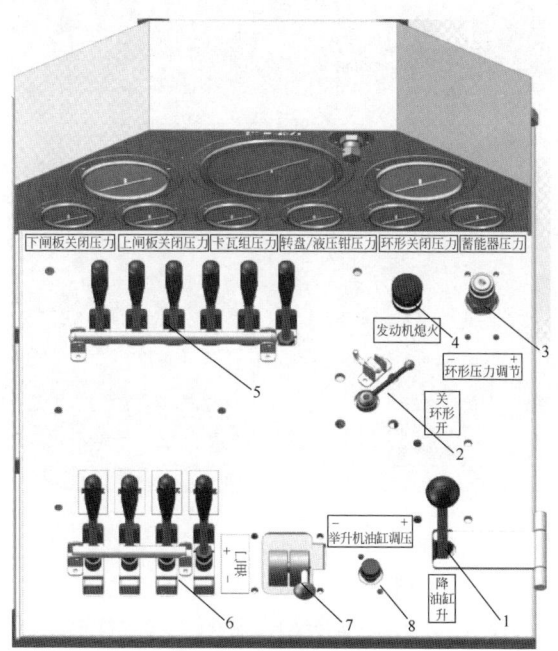

图3-1 150K 主操作台
1—举升机控制阀;2—环形控制阀;3—环形调压阀;4—紧急熄火;
5—环空密封控制阀;6—卡瓦控制阀;7—油门;8—举升机调压阀

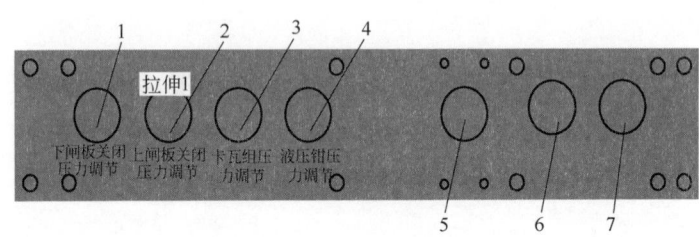

图 3-2 240K 调压阀控制台

1—下闸板调压阀；2—上闸板调压阀；3—卡瓦调压阀；
4—液压钳调压阀；5—转盘调压阀；6—上行制动阀；7—下行制定阀

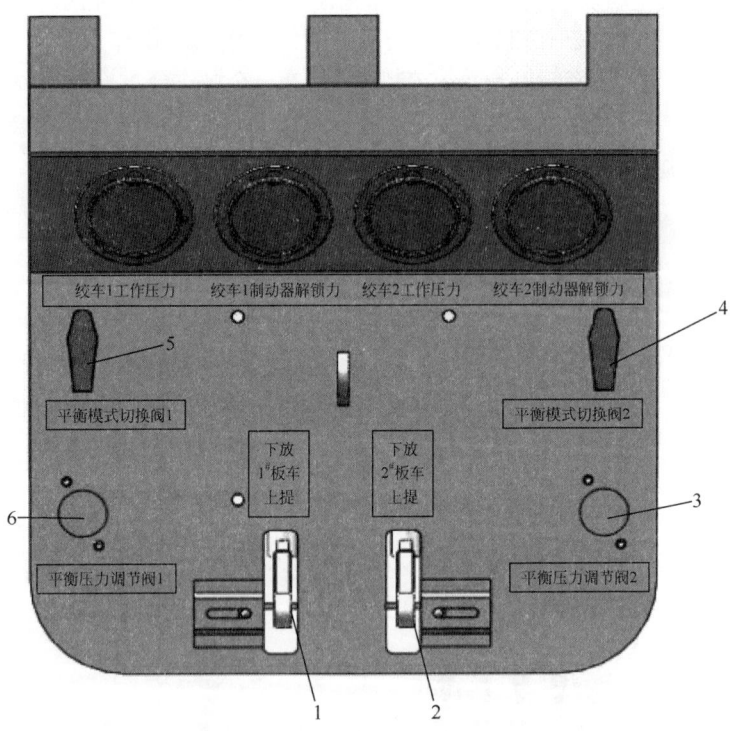

图 3-3 150K 绞车控制台

1—1 号绞车控制阀；2—2 号绞车控制阀；3—2 号绞车调压阀；
4—1 号绞车模式选择阀；5—2 号绞车模式选择阀；6—1 号绞车调压阀

第三章 控制系统

第二节 举升下压控制系统

举升下压系统包括举升机控制回路、转盘控制回路、液压钳控制回路和卡瓦控制回路。举升机控制回路主要控制举升机液缸上行或下放及速度,实现管柱起下作业;卡瓦控制回路用于控制卡瓦开关;转盘控制回路主要用于控制转盘旋转及扭矩,实现钻磨等施工作业。

一、举升机控制回路

举升机控制回路具有高压、大流量特点,为满足带压作业,需要满足以下要求,如图3-4、3-5所示:
(1) 不管负载方向如何,液缸可以任意负载上行或下放。
(2) 空行程时,要求上行速度快。
(3) 能够实现无极调速。
(4) 液缸可以在任意位置制动。

压力油从动力系统经过溢流阀,进入举升机换向阀,举升机换向阀和溢流阀一般安装在举升机主体上,溢流阀采用先导溢流阀,常见举升机换向阀为HUSCO换向阀(图3-6)。换向阀工作口与液压油缸的上升口和下降口连接,换向阀回油口直接回到动力系统。

举升机控制手柄远程控制举升机换向阀,实现举升机上行和下放,举升机控制手柄安装在主操作台上,一般为HUSCO 5000控制阀。调压阀远程控制先导溢流阀,调节举升机压力,调压阀安装在主操作台上。

举升机控制回路包括举升机换向回路、调压回路、差动回路,对于某些特殊工况,需要增加一些液压回路以满足施工要求,例如调速回路、锁紧回路。

1. 举升机换向回路

举升机先导控制阀远程控制举升机换向阀(常用HUSCO阀)换向,实现举升机上升、下降和中位悬停,阀芯弹簧复位,松开手柄,阀芯自动回到中位,举升机停止。

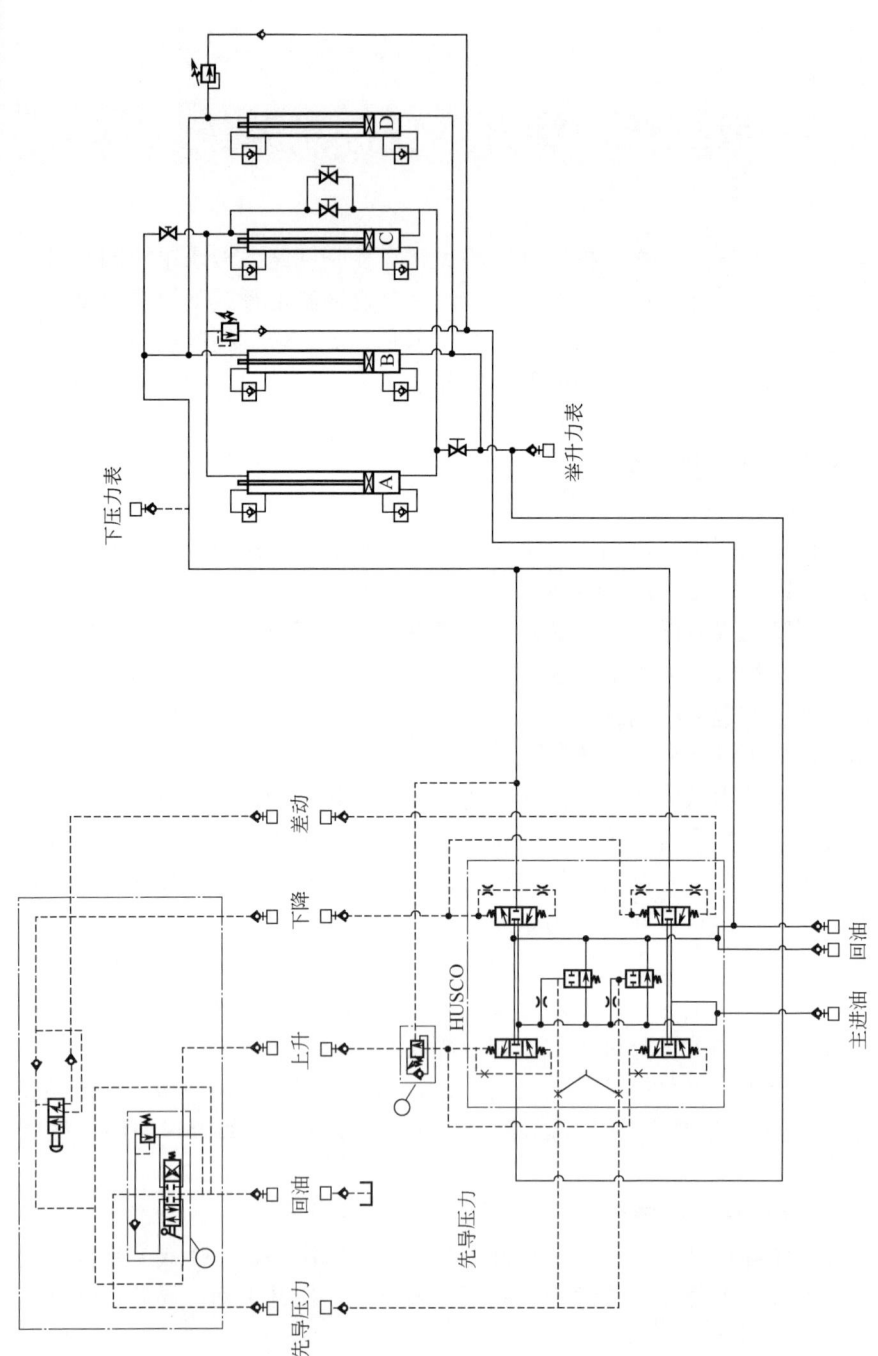

图 3-4 举升机液压原理图

第三章　控制系统

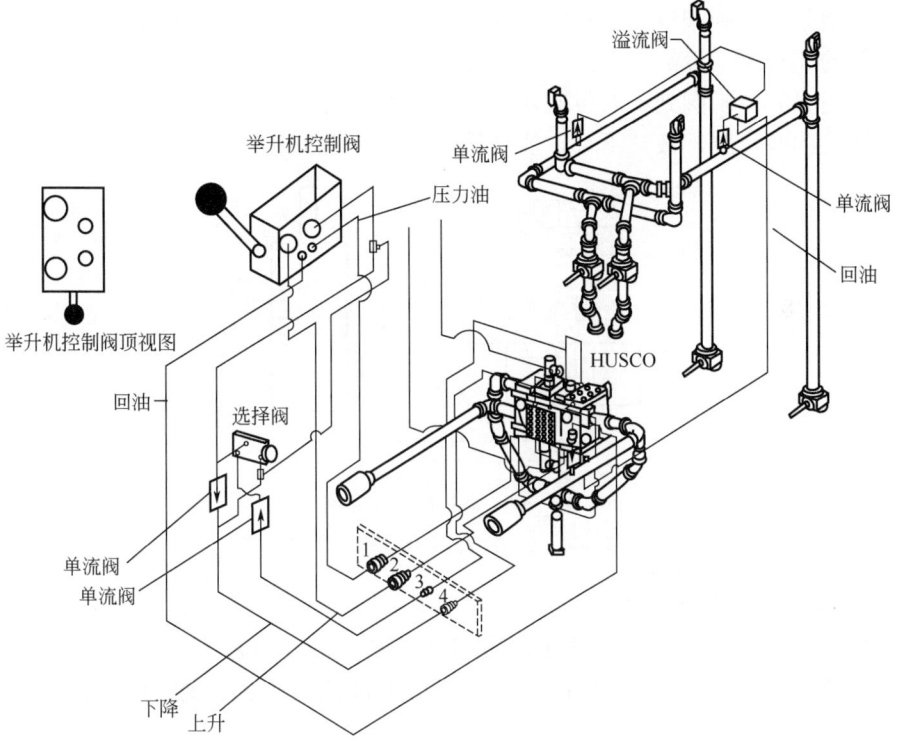

图 3-5　举升机液压原理示意图

图 3-6　HUSCO 换向阀

当先导控制阀位于左位时，换向阀处于左位，压力油通过主换向阀进入液缸的无杆腔，液缸上行，实现管柱上提。

当先导控制阀处于右位时，主换向阀处于右位，压力油通过主换向阀进入液缸的有杆腔，液缸下行，实现管柱下放（图3-7）。

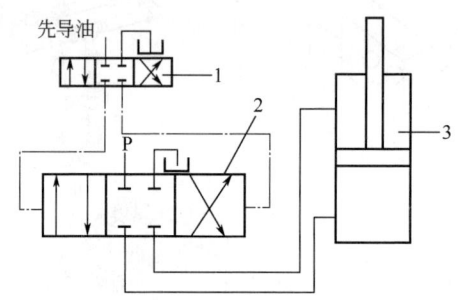

图3-7 举升机换向回路
1—换向阀；2—先导控制阀；3—举升机液缸

1）先导阀处于中位

先导阀处于中位，先导油直接回到油箱，导致阀芯前后压差下降，阀芯内弹簧关闭节流孔，主溢流阀打开，主进油与主回油连通，建立循环（图3-8）。

2）举升机正常上行/下行

先导手柄处于上升位，先导油进入HUSCO阀工作模块内的上升位阀芯，先导压力上升，关闭进回油模块内的主溢流阀/节流阀；同时，先导油通过工作模块内上升位阀芯中间的节流孔进入液缸，阀芯前后压差促使阀芯向下移动；主进油进入液缸无杆腔直到产生足够的力推动液缸，举升机开始向上移动；有杆腔的部分液压油通过工作模块内下降阀芯的中心节流孔、下降阀芯和先导阀流回油箱，同时通过节流孔作用，下降阀芯前后产生压差，推动阀芯向上移动，有杆腔与主回油连通，回到液压油箱，举升机上行。反之举升机下行。

举升机上行/下行速度可以通过先导阀的开度控制，当先导阀开度增加时，增加流经先导阀先导油的流量，先导流量增加，则增加上升阀芯前后压差，阀芯开度越大，同时增加下降阀芯前后压差，下降阀芯开度增大，提高举升机上行速度；反之增加举升机下行速度，如图3-9、图3-10所示。

第三章 控制系统

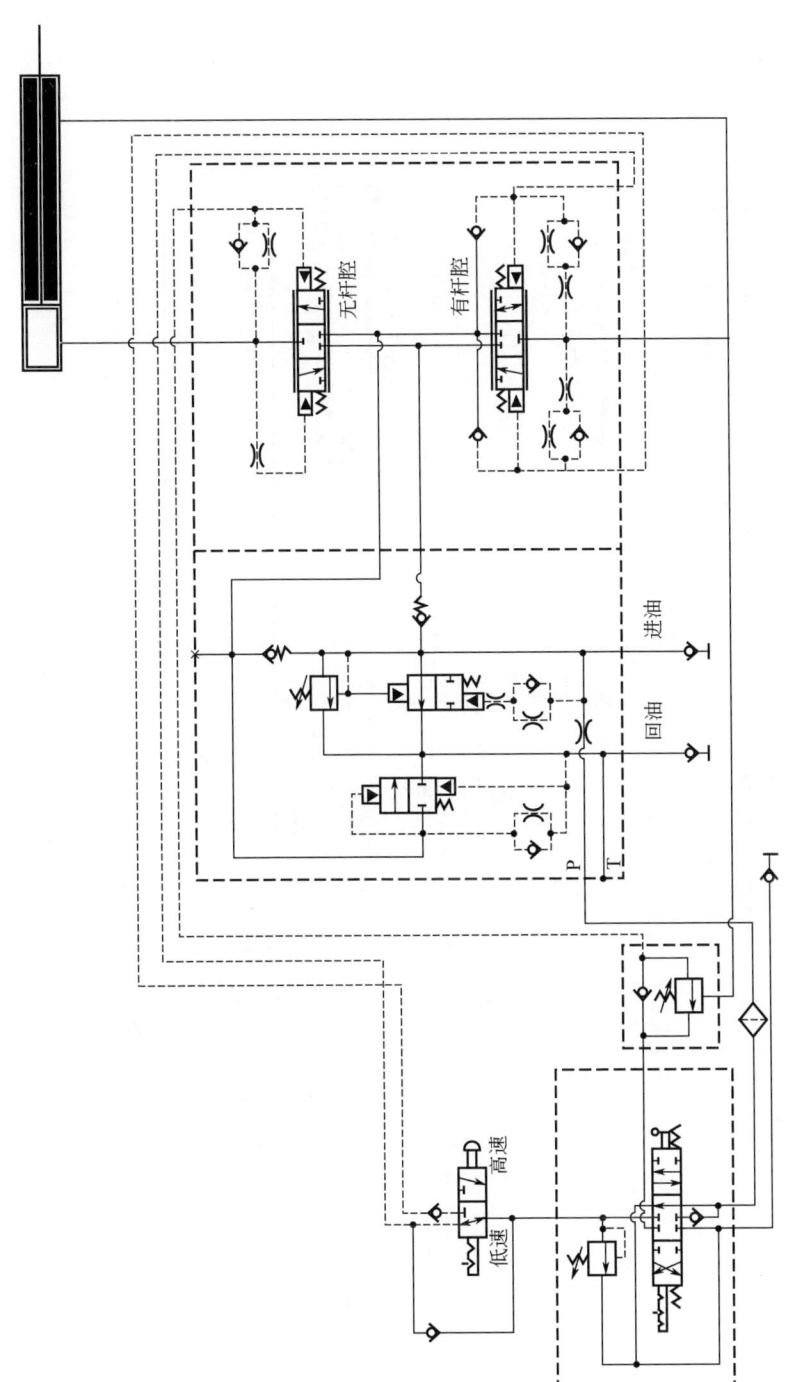

图 3-8 先导阀处于中位

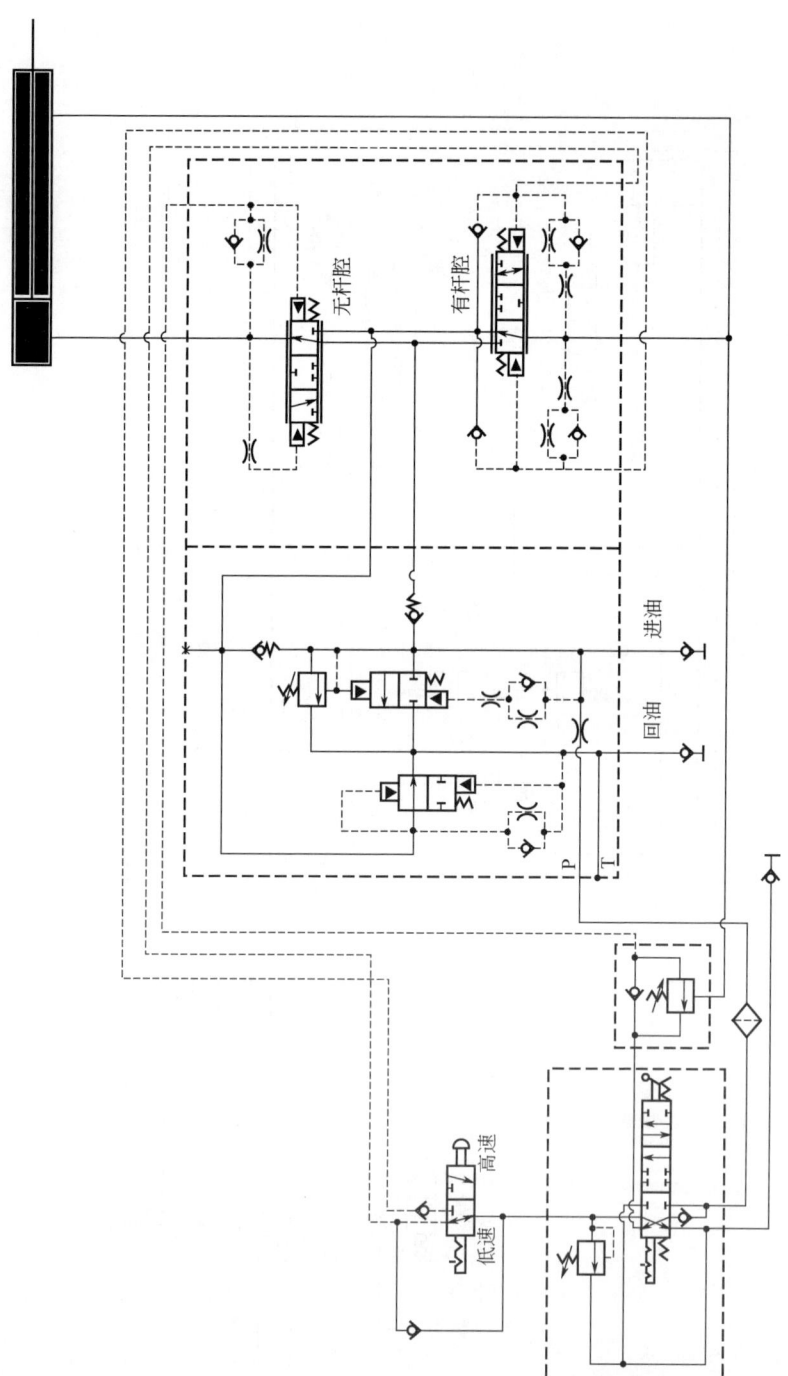

图 3-9 举升机上升

第三章 控制系统

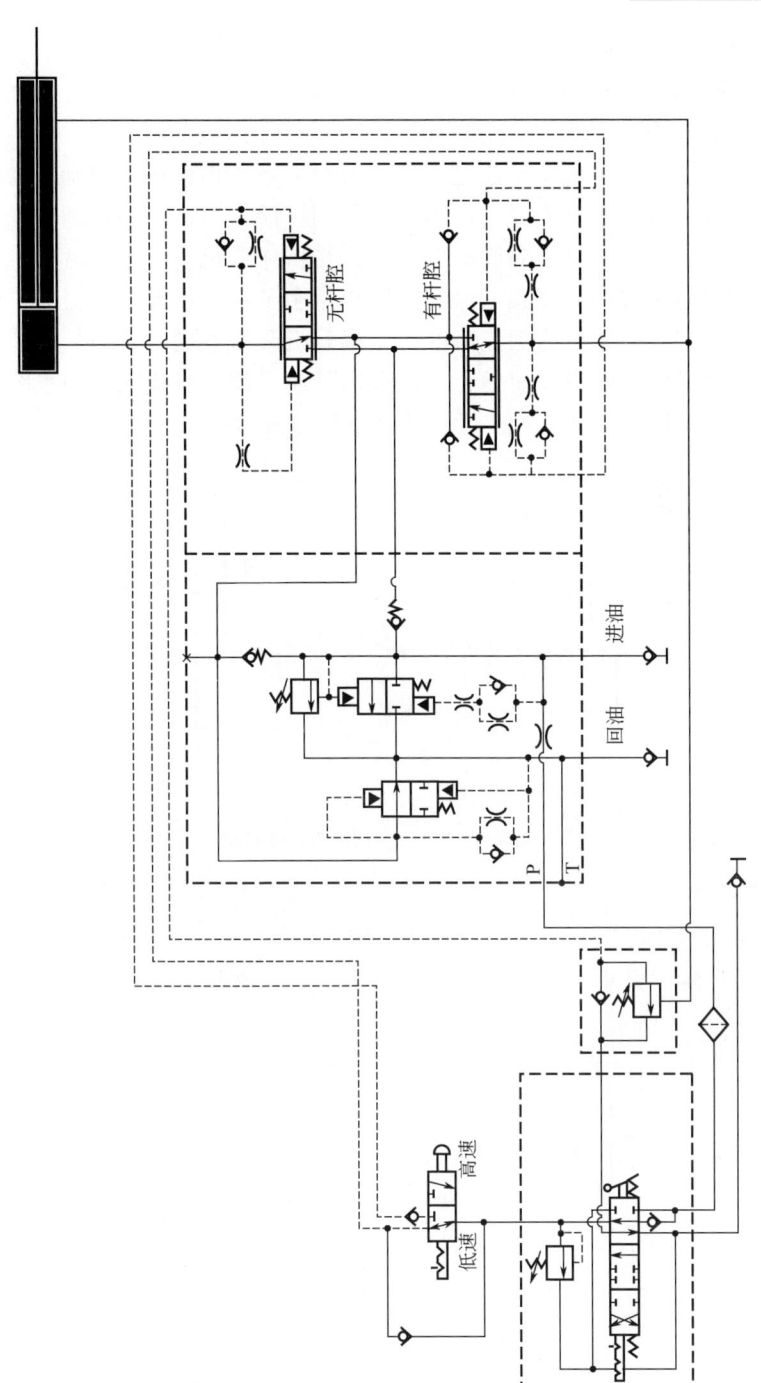

图 3-10 举升机下降

2. 举升机调压回路

举升机调压阀：远程控制举升机溢流阀，调节举升力或下压力大小，顺时针旋转增加举升力或下压力；逆时针旋转减小举升力或下压力。

举升机上行或下放过程中，通过远程调压阀调节主溢流阀，控制压力油进入液缸的压力，调节举升力或下压力。远程调压阀安装在司钻控制台上，主溢流阀一般安装在举升机换向阀一侧，美式带压作业机没有主溢流阀，调压阀直接调节动力系统内液压泵溢流阀，缺点是由于举升机泵排量很大，产生很大热量，调节动力系统内溢流阀的几个举升机泵必须同时使用，不能单独旁通其中一个泵。某些设备司钻台上没有远程调压阀，直接在动力系统内设置好举升机泵的压力，防止操作手误操作（图3-11）。

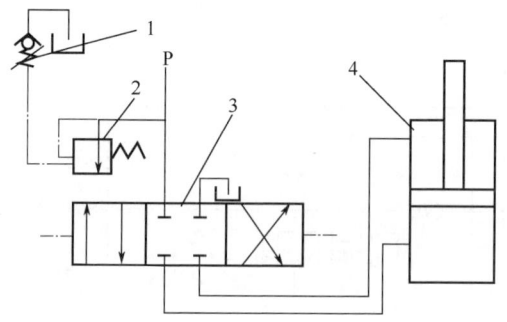

图 3-11　举升机调压回路

1—远程调压阀；2—主溢流阀；3—先导三位四通换向阀；4—液缸

3. 差动回路

差动选择阀远程控制举升机换向阀（常用 HUSCO 阀），实现举升机快速上升，同时不影响举升机下降。差动选择阀为两位三通阀，两种工作模式的工作原理如图 3-12 所示。

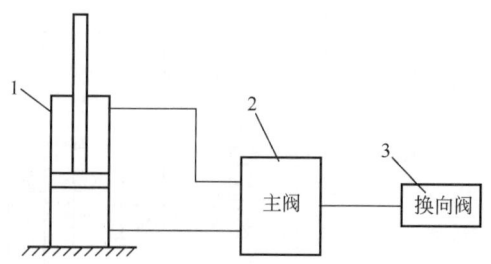

图 3-12　差动回路

1—举升机液缸；2—HUSCO 主阀；3—两位三通换向阀

第三章 控制系统

当处于差动回路时，塞腔和杆腔与压力油连通，因此显示的举升力值大于实际举升力值。

1) 举升机上升

差动回路先导阀处于差动位置，举升机先导阀处于上升位置，先导油直接进入工作模块的上升阀芯，先导压力上升，关闭进回油模块的主溢流阀/节流阀，同时先导油通过上升阀芯中间的节流孔进入液缸，上升阀芯前后产生压差，阀芯下行，主进油与液缸无杆腔连通，直到产生足够的力促使液缸开始上行，有杆腔部分液压油通过下降阀芯节流孔和阀芯进入差动先导回路，先导油产生压差推动阀芯下行，有杆腔与主进油连通，主进油通过下降阀芯，进入无杆腔，有杆腔回油直接进入无杆腔，提高举升机上行速度（图3-13）。

2) 举升机下降

先导油通过单流阀和差动控制阀进入工作模块下降阀芯，先导压力增加，关闭进回油模块主溢流阀/节流阀，同时先导油通过阀芯的节流孔进入进回工作口，阀芯前后产生压差，推动阀芯向下移动，主进油进入液缸有杆腔，直到产生足够的力推动液缸开始下行。无杆腔部分液压油通过上升阀芯的节流孔、先导阀流回油箱，同时在节流孔在阀芯前后产生压差，推动阀芯向上移动，无杆腔与主回油连通，如图3-14所示。

4. 调速回路

举升机速度通过手柄位置控制，当上顶力过大或管柱过重，利用手柄难以控制举升机速度时，需要通过调速回路来控制举升机的速度。调速回路的基本原理是控制回路背压，包括两种方式，一种是通过流量控制阀控制主换向阀的开度，另外一种是通过外置先导阀组控制回路背压。

1) 流量控制阀调速回路

普通工况下，流量控制阀完全打开，先导油可以自由的双向通过，举升机的运动速度完全由先导阀的手柄操作幅度控制（图3-15）。

重负载等特殊工况下，需要对举升机的提升或下降运动速度进行控制时，操作人员通过旋钮调节相应流量控制阀的开度，限制相应的先导油从先导阀流向主阀（先导压力入口流量），由于这一节流作用产生的液阻力，先导油压力在流量控制阀前后存在一定的压差，即先导油压力相比于普通工况下有所降低。

由于主阀内部的特殊设计，先导油压力入口与二次压力口之间通过一阻尼孔相连通，先导油会持续地向二次压力口产生流动，故上述的先导油压力在控制阀前后的压差在工作过程中会持续存在。同时，由于流量控制阀只控制单向的液压油流量，故回油侧先导油通过其相应的流量控制阀时流量不受影响。

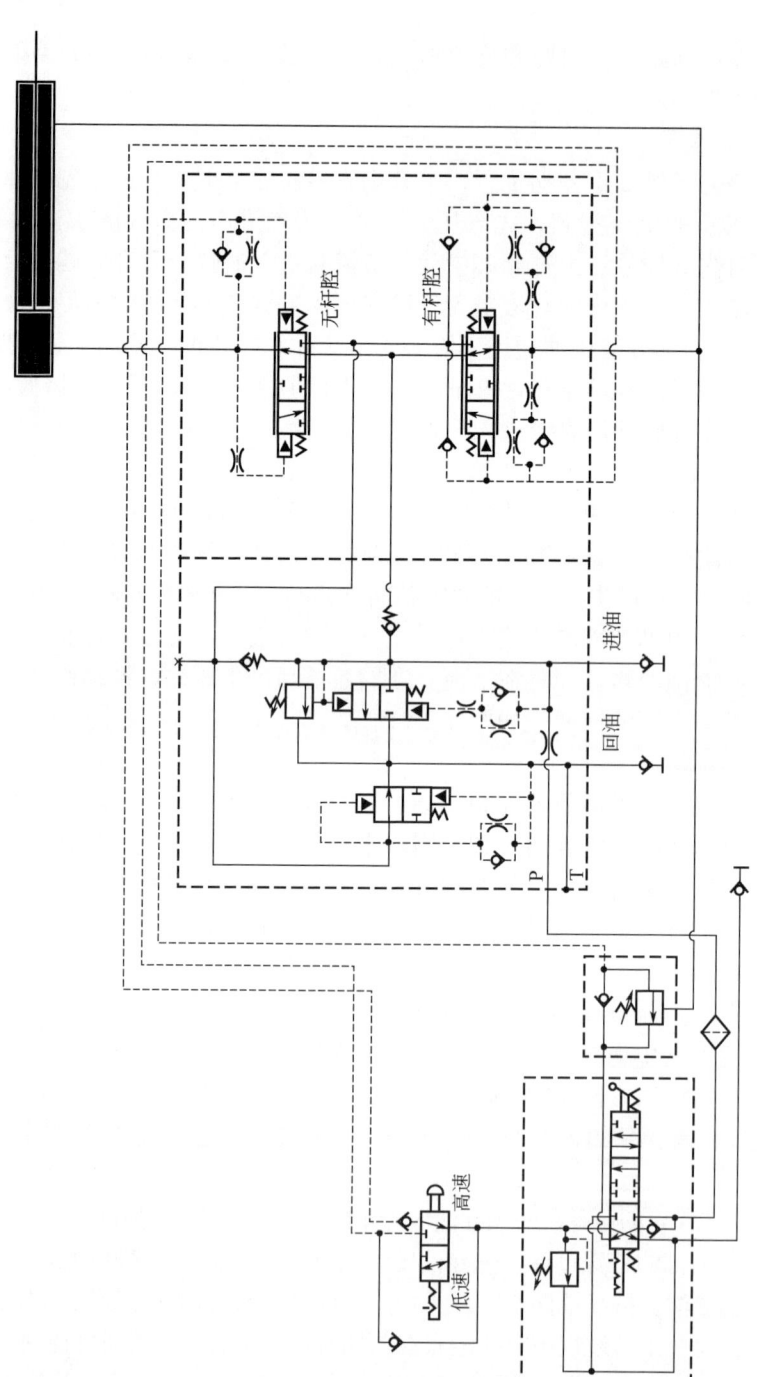

图 3-13 差动回路（举升机上行）

第三章 控制系统

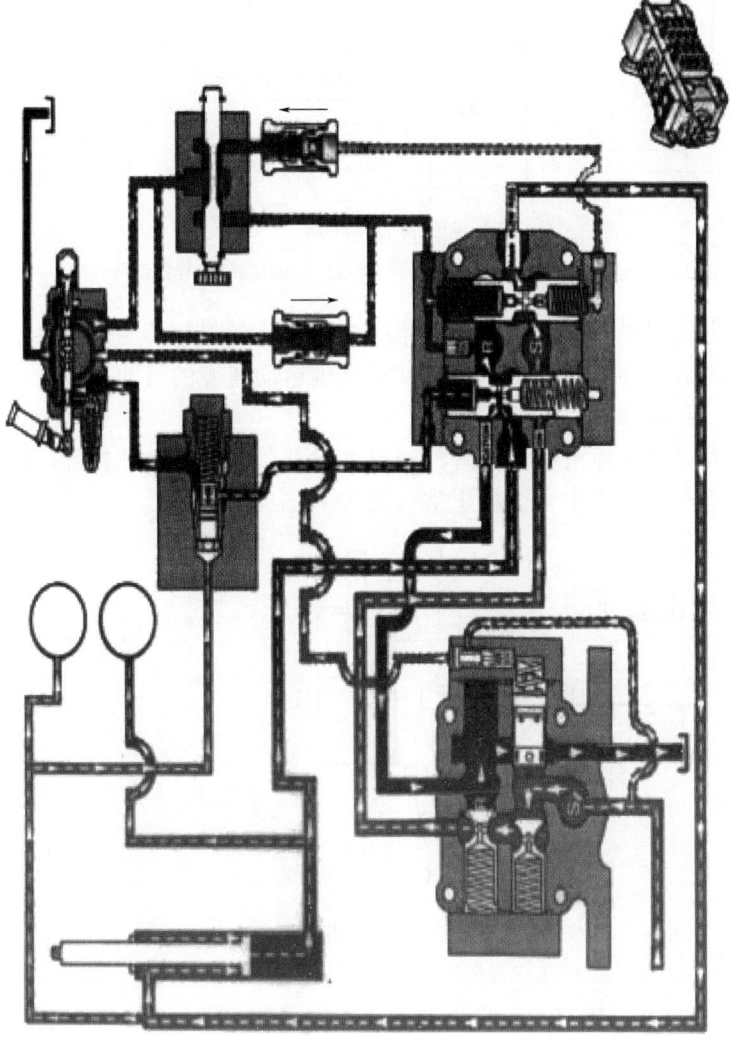

图 3-14 差动回路（举升机下行）

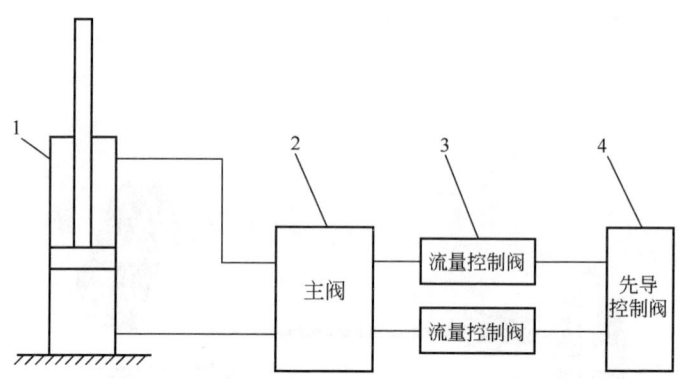

图 3-15　流量控制阀调速回路

1—举升机液缸；2—先导三位四通换向阀；3—流量控制阀；4—先导控制阀

较低先导压力使得主阀阀芯的开度也相应较小，从而限制了主阀提供给举升机液压油缸的液压油流量，达到了控制举升机运动速度的目的。

2）先导阀组调速回路

阀块内包括大流量溢流阀和单流阀，普通工况下，溢流阀全部打开，溢流阀处于旁通状态，举升机上行下放正常（图3-16）。

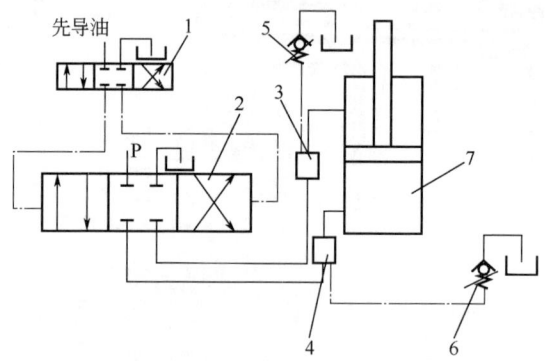

图 3-16　先导阀组调速回路

1—三位四通先导控制阀；2—先导三位四通换向阀；3—上行制动阀块；4—下行制动阀块；
5—上行制动调压阀；6—下行制动调压阀；7—举升机液缸

当需要控制举升机上行速度时，调节上行制动调压阀，远程控制溢流阀上行制动阀块，增加回路背压，控制举升机速度。当反向工作时，压力油通过单向阀进入液缸，故反向工作时不受影响。下行制动原理相同。

第三章 控制系统

5. 锁紧回路

锁紧回路主要用于某些特殊工况，保证举升机在重载荷情况下稳定在某一位置不动，例如带压大修中切割套管，需要定点切割，必须保证举升机稳定不动。锁紧回路有两种方式，一种是通过先导单向阀将回路切断，锁紧液缸；另一种方式是通过蓄能器或液压泵补偿压力油，锁紧液缸。

1）先导单向阀锁紧回路

回路主要包括先导单向阀和三位四通控制阀，通过先导单向阀的开关实现液压闭锁。普通工况下，先导单向阀处于常开状态，举升机上行下放不受影响。特殊工况需要举升机保持位置不变时，利用三位四通阀，关闭先导单向阀，切断液压系统回路，保证液缸位置不变（图3-17）。

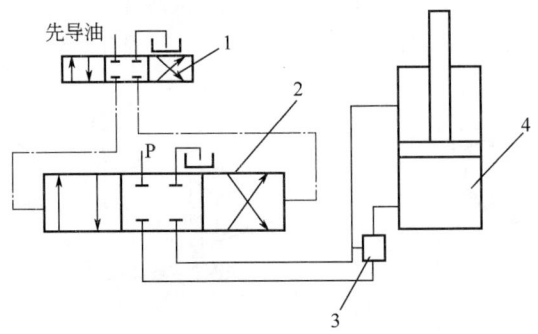

图 3-17　先导单向阀锁紧回路
1—三位四通先导控制阀；2—三位四通先导阀；3—先导单向阀；4—液缸

2）补偿压力锁紧回路

流量控制阀连接在蓄能器或压力补偿泵上，普通工况下，流量控制阀处于常关状态，举升机上行下放不受影响。特殊工况需要举升机保持位置不变时，打开流量控制阀，通过蓄能器或压力补偿泵连续向液缸内补充压力，保证液缸内压力及液缸位置不变（图3-18）。

6. 2/4缸控制回路

对于4缸举升机，可以通过球阀或液压阀实现2缸工作与4缸工作切换，当阀1、阀3、阀6关闭，阀2、阀4、阀5打开时，处于2缸工作模式[图3-19（a）]，压力油进入主动液缸，随动液缸上下腔连通，保证润滑；当阀1、阀2、阀3、阀4打开，阀5、阀6关闭时，处于4缸工作模式[图3-19（b）]。当需要较大提升能力时，选择4缸工作模式；当需要较大速度时，选择2缸工作模式。由4缸工作模式切换到2缸工作模式时，需要将举升机放到最底端后再进行切换。

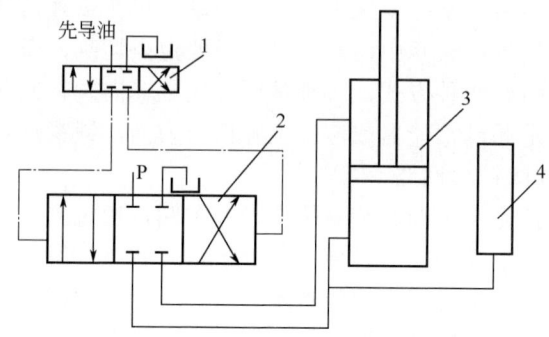

图 3-18　压力补偿锁紧回路

1—三位四通先导控制阀；2—三位四通先导阀；3—举升机液缸；4—蓄能器

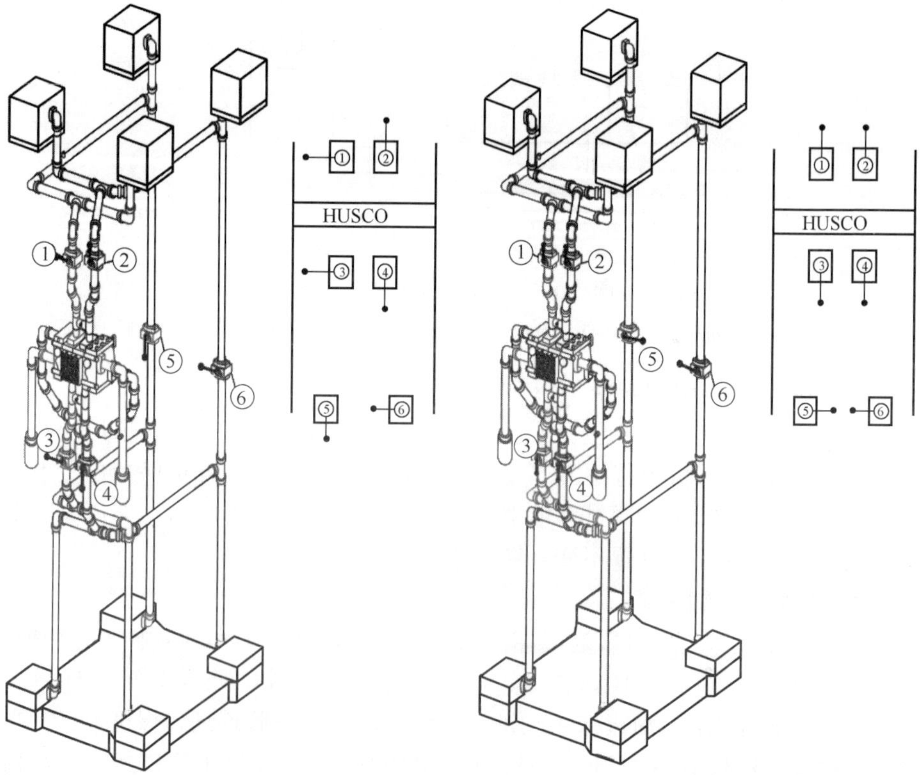

(a) 2缸工作模式　　　　　　　　　　　　(b) 4缸工作模式

图 3-19　2/4 缸工作

第三章 控制系统

二、转盘控制回路

带压作业设备转盘分为被动转盘和液压转盘,被动转盘需要通过动力水龙头等装置驱动;液压转盘通过液路控制马达旋转,本节主要介绍液压转盘控制。转盘控制回路主要包括方向控制回路、调压控制回路、调速控制回路和制动控制回路(图3-20)。

动力系统压力油经过溢流阀进入转盘换向阀,溢流阀一般采用先导式溢流阀,可以集成在换向阀内,也可以单独使用。换向阀需要根据流量大小确定,如果流量小,可以直接采用手动三位四通阀控制转盘;如果流量很大,手动直接控制三位四通阀困难,需要采用液控三位四通换向阀。

压力油进入换向阀后,改变三位四通换向阀位置,转盘顺时针旋转或逆时针旋转。调压阀安装在主操作台上,远程调节溢流阀压力,控制转盘扭矩。

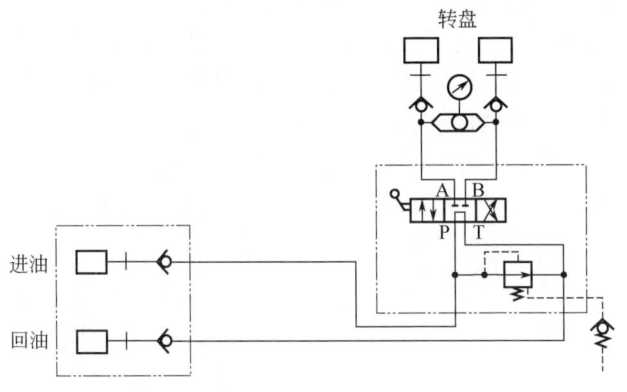

图 3-20 转盘控制回路

1. 转盘方向控制回路

通过三位四通阀控制转盘正转和反转,由于转盘流量较大,一般采用先导控制方式,先导手柄选用摩擦定位的三位四通阀,控制阀选择液控中位开启、摩擦定位三位四通换向阀。

当先导控制三位四通阀处于左位时,压力油经过方向控制阀进入马达,马达顺时针旋转;当先导控制三位四通阀处于右位时,压力油经过方向控制阀进入马达,马达逆时针旋转(图3-21)。

注:有些转盘直接采用方向控制阀控制,无先导控制阀。

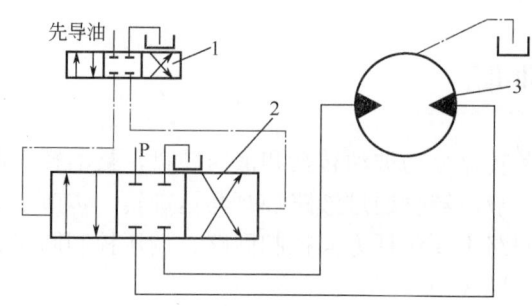

图 3-21　转盘方向控制回路

1—三位四通先导控制阀；2—先导控制三位四通阀；3—液压马达

2. 转盘调压控制回路

调压控制回路，即调节转盘输出扭矩，转盘最大连续扭矩是在一定转速和最大液控压力下产生，因此，在使用转盘时，要确定最大连续扭矩的转速和压力，调压阀一般采用直通溢流阀和先导溢流阀。

主溢流阀安装在方向控制阀上，压力油经过主溢流阀调压后进入先导三位四通阀压力口，控制马达正转或反转及转盘扭矩，顺时针旋转，增加转盘压力，增大扭矩；逆时针旋转，减小转盘压力，降低扭矩。远程调压阀安装在司钻台上，远程调节主溢流阀压力。在钻磨作业过程中，要根据转盘转速和压力确定转盘扭矩，不能单从压力判断转盘扭矩（图3-22）。

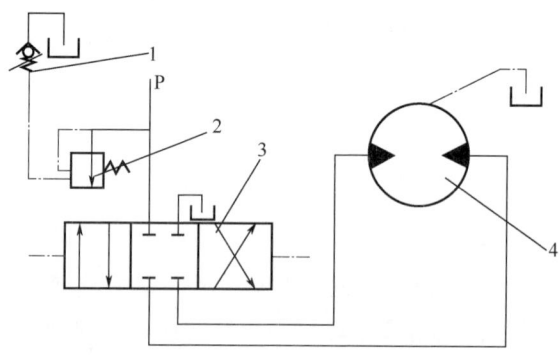

图 3-22　转盘调压控制回路

1—调压阀；2—先导溢流阀；3—方向控制阀；4—液压马达

3. 转盘高低速控制回路

在旋转作业过程中，有时需要较大扭矩，有时需要较高转速，通过回路控制实现高速低扭和低速高扭。该控制方式主要分为三种：第一种是通过马达本身的高低速功能实现；第二种是通过回路控制实现马达串并联；第三种是通过回路控制工作马达的数量。

1）马达控制调速回路

马达本身带有高低速功能，通过二位三通阀控制马达，当二位三通阀处于左位时，马达处于高速低扭状态；当二位三通阀处于右位时，马达处于低速高扭状态（图3-23）。

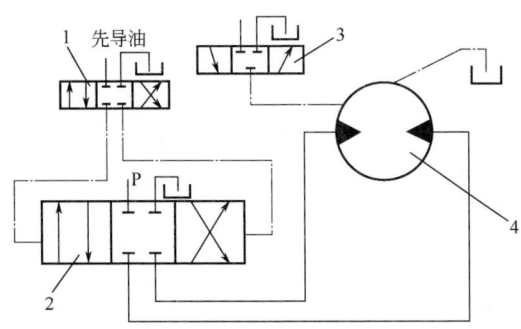

图3-23　马达控制调速回路

1—三位四通先导控制阀；2—先导控制三位四通阀；3—二位三通阀；4—液压马达

2）马达串并联控制回路

压力油经过先导控制三位四通阀和串并联控制阀进入马达，二位三通阀控制串并联控制阀位置，当二位三通阀处于左位时，马达处于串联状态，实现高速低扭；当二位三通阀处于右位时，马达处于并联状态，实现低速高扭（图3-24）。

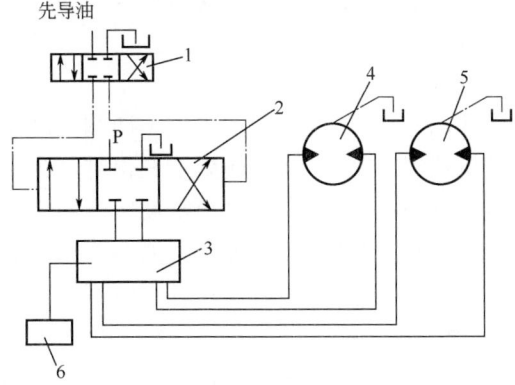

图3-24　串并联控制回路

1—三位四通先导控制阀；2—先导控制三位四通阀；3—串并联控制阀；
4—1号液压马达；5—2号液压马达；6—二位三通阀

3）马达工作数量控制回路

压力油经过过先导控制三位四通阀和选择阀进入马达，二位三通阀控制选择阀位置，当二位三通阀处于左位时，只有一组马达工作，其他马达处于随动状态，实现高速低扭；当二位三通阀处于右位时，所有马达处于工作状态，实现低速高扭（图3-25）。

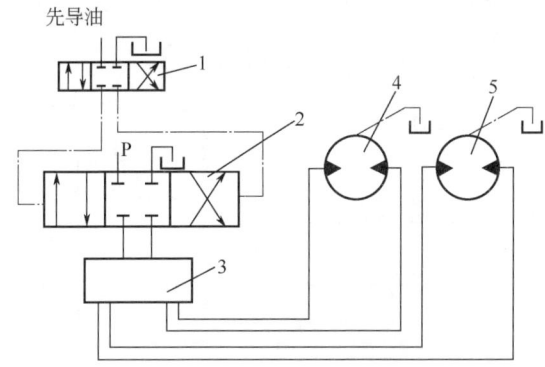

图 3-25　马达工作数量控制回路

1—三位四通先导控制阀；2—先导控制三位四通阀；
3—选择阀；4—1号液压马达；5—2号液压马达

4. 转盘制动控制回路

钻磨施工过程中，经常会遇到反扭矩，如果操作不当会造成严重后果。制动控制回路可以通过液路控制反扭矩并缓慢释放反扭矩。制动控制回路可以通过制动器或平衡阀实现。

1）制动器控制回路

制动器连接在马达上，先导压力通过二位三通阀控制制动器，一般采用二位三通球阀控制制动器。二位三通球阀处于左位时，先导压力油进入制动器，克服弹簧作用力，打开制动器，转盘正常旋转；当二位三通球阀处于右位时，先导压力被封堵，同时制动器压力口与油箱连通，在弹簧作用下制动器处于关闭状态，转盘不能旋转。钻磨作业过程中发生反扭矩，转盘手柄处于反转位置，快速打开二位三通球阀，转盘反转，快速关闭二位三通球阀，转盘停止旋转，反复开关二位三通阀缓慢释放反扭矩。制动器一般采用蝶片式制动器，制动效果好（图3-26）。

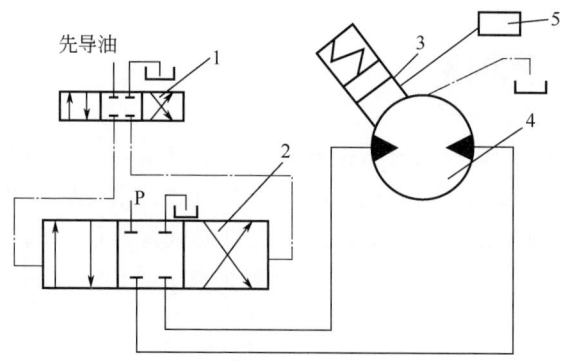

图 3-26 制动器控制回路

1—三位四通先导控制阀;2—先导控制三位四通阀;

3—制动器;4—液压马达;5—二位三通阀

2)平衡阀控制回路

马达油路上安装平衡阀 1 和平衡阀 2(图 3-27),马达正转时,压力油经过平衡阀 1 内部单向阀进入液压马达,同时压力油控制平衡阀打开,回油经过平衡阀 2 流回油箱,当发生反扭矩时,回油变成吸油,压力降低,平衡阀 2 关闭,防止液压马达反转。反之同理。

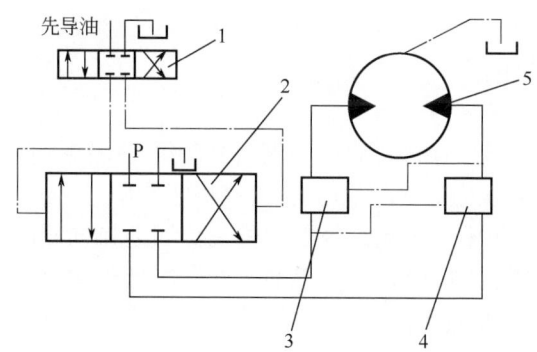

图 3-27 平衡阀控制回路

1—三位四通先导控制阀;2—先导控制三位四通阀;

3—平衡阀 1;4—平衡阀 2;5—液压马达

三、液压钳控制回路

压力油经过调压阀进入液压钳三位四通换向阀,三位四通换向阀控制液压钳上扣和卸扣,当三位四通换向阀处于左位时,液压钳上扣;当三位四通阀处于右位时,液压钳卸扣。调压阀采用直通式溢流阀,调节液压钳工作压力,顺时针旋转,增加液压钳压力,逆时针旋转,减小液压钳压力(图3-28)。

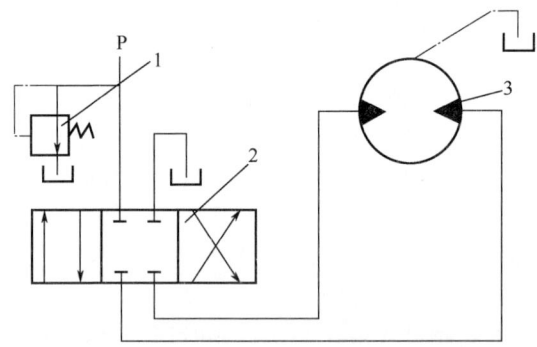

图 3-28　液压钳控制回路
1—调压阀;2—三位四通换向阀;3—液压钳马达

四、卡瓦控制回路

蓄能器压力油经过减压阀后进入卡瓦控制阀组,每个控制阀分别控制一个卡瓦。减压阀将蓄能器压力降低,防止压力过高损坏卡瓦,不同卡瓦关闭压力不同。

卡瓦控制阀采用中位关闭、摩擦定位三位四通换向阀,当手柄处于中位时,卡瓦开关口封闭;同时,卡瓦手柄不能同时处于中位,否则会泄掉蓄能器内压力,如图3-29所示。

卡瓦控制回路包括卡瓦开关控制回路、卡瓦开关速度控制回路和卡瓦保护控制回路。

1. 卡瓦开关控制回路

蓄能器压力油经过减压阀减压,进入三位四通阀,当三位四通阀位于左位时,卡瓦关闭;当三位四通阀位于右位时,卡瓦打开;当三位四通阀处于中位时,卡瓦液缸油口与进回油隔离,卡瓦维持前一状态(图3-30)。

第三章 控制系统

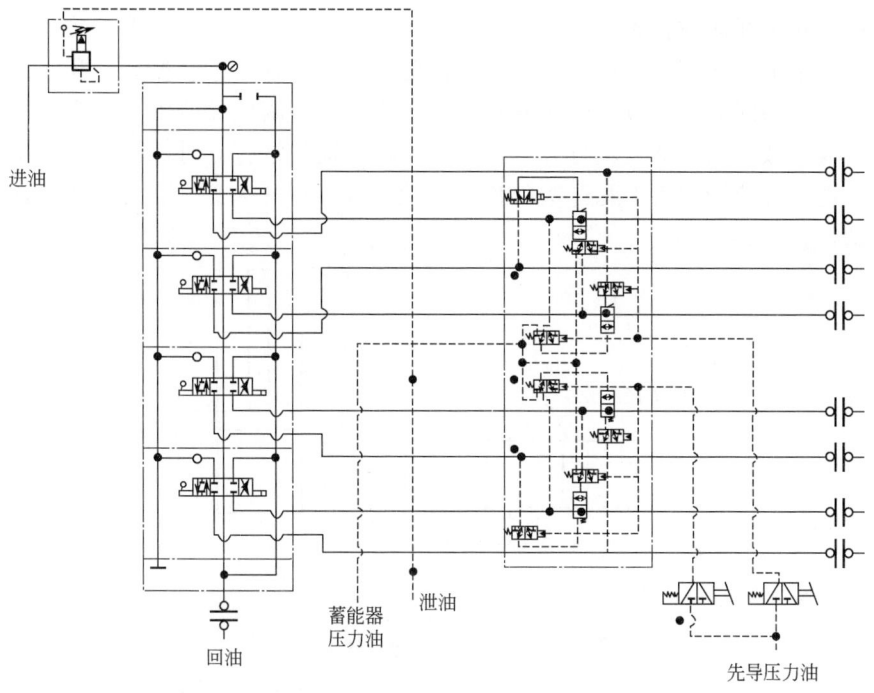

图 3-29 卡瓦控制回路

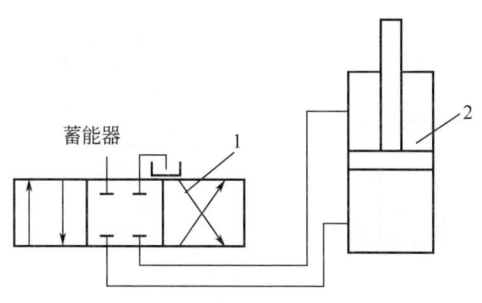

图 3-30 卡瓦开关控制回路
1—三位四通阀；2—卡瓦液缸

2. 卡瓦开关速度控制回路

某些卡瓦对开关速度要求较高，如果开关速度过快会损坏卡瓦和管柱，因此在三位四通阀卡瓦开关油路加装节流阀，控制卡瓦开关速度。顺时针旋转节流阀，降低卡瓦开关速度，一般设备节流阀设置后无需改变（图 3-31）。

3. 卡瓦保护控制回路

Cavins F、G 型卡瓦或 550、762 和 963 型卡瓦，由于卡瓦牙较大，为防止接箍对卡瓦造成损害，在卡瓦开关回路上增加溢流阀，一旦卡在接箍上或接箍位于卡瓦牙下方，可以通过溢流阀强制打开卡瓦，不会损坏卡瓦其他部件。当接箍或其他工具串位于固定卡瓦下方，可能瞬间磕碰到卡瓦座，如果卡瓦座承载较大不能立刻打开或由于某些原因而无法打开时，外力作用下压力会通过溢流阀使得卡瓦开关口连通，从而强行打开卡瓦，不会损坏卡瓦其他部件（图 3-32）。

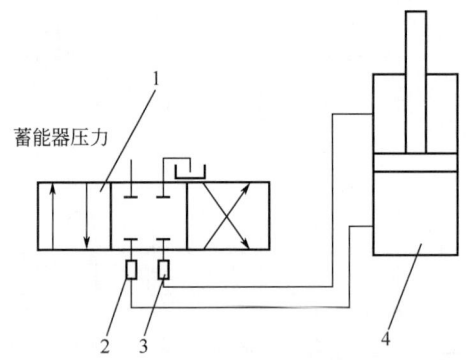

图 3-31　卡瓦开关速度控制回路

1—三位四通阀；2—节流阀 1；3—节流阀 2；4—卡瓦液缸

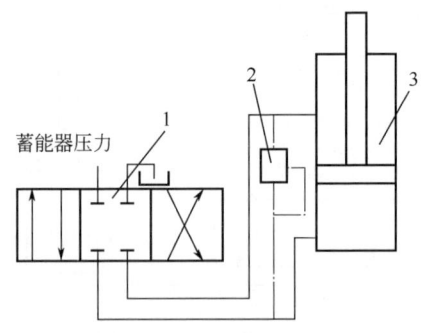

图 3-32　卡瓦保护控制回路

1—三位四通阀；2—溢流阀；3—卡瓦液缸

第三节　环空密封控制系统

环空密封控制压力油来自蓄能器，压力油进入操作台分成三路，一

第三章 控制系统

路控制环形防喷器,一路控制闸板防喷器,一路控制平衡泄压阀,如图 3-33 所示。

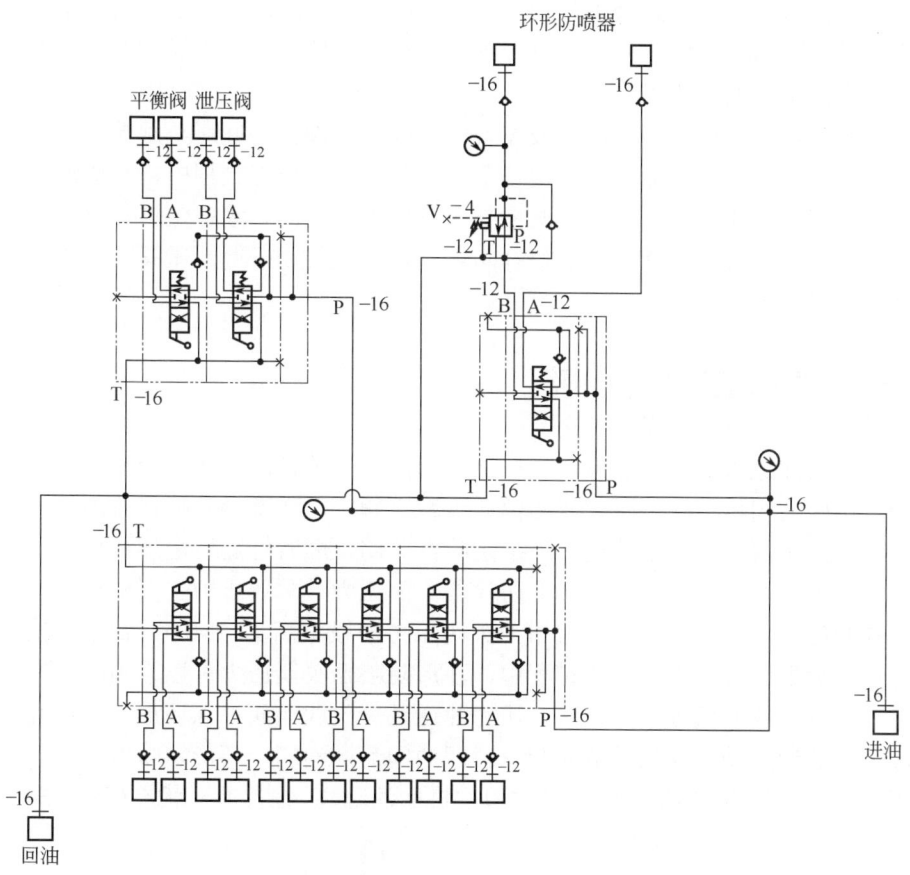

图 3-33 环空密封控制系统

环形防喷器控制回路:施工过程中环形防喷器始终处于关闭状态,要求控制阀泄漏量小,因此环形防喷器控制阀采用三位四通转阀,压力油进入环形防喷器控制阀,当环形防喷器关闭时,压力油先经过减压阀后在进入环形防喷器,调节环形防喷器的关闭压力,压力表显示环形防喷器的关闭压力,延长环形防喷器胶芯的使用寿命;打开环形防喷器时,压力油直接进入环形防喷器,压力表显示为 0,但实际压力为蓄能器压力。

闸板防喷器控制回路:施工过程中闸板防喷器开关频繁,因此对于控制阀泄漏量要求不高,采用中位关闭、滚珠定位的三位四通阀,但控制手柄不能同时处于中位,否则会泄掉蓄能器内压力。压力油进入闸板防喷器控制阀,当闸板防喷器关闭时,压力油先经过减压阀再进入闸板防喷器,调节闸板防喷器关闭压力,延长耐磨填料使用寿命,压力表显示闸板防喷器关闭压力;当闸板防喷器打开时,压力油直接进入闸板防喷器,压力表显示为 0,但实际压力为蓄能器压力。

平衡泄压阀控制回路:一般设备将平衡泄压阀控制回路与闸板防喷器控制回路组合在一起,而某些类型设备则将其分开。施工过程中,平衡泄压阀使用频繁,保压要求不高,因此控制阀采用中位关闭、滚珠定位三位四通换向阀。压力油进入平衡泄压阀控制阀组,打开或关闭平衡泄压阀时,压力油都直接平衡泄压阀。

一、环形防喷器控制回路

压力油进入三位四通阀,当三位四通阀处于关位时,环形防喷器关闭;当三位四通阀位于关位时,压力油通过减压阀,进入环形防喷器关闭腔,回油通过三位四通阀流回油箱,环形防喷器关闭,顺时针旋转增加环形防喷器关闭压力,逆时针旋转减小环形防喷器关闭压力。关闭压力主要根据井口压力和管柱尺寸确定,使用过程中,关闭压力一般不高于 7MPa,否则要检查环形防喷器胶芯,但在试压过程中,环形防喷器关闭压力可以为 10.5MPa。

当三位四通阀处于开位时,压力油通过三位四通阀进入环形防喷器开启腔,回油通过减压阀的单流阀和三位四通阀流回油箱,环形防喷器打开。当手柄处于中位时,环形防喷器开关口与进回油隔离,维持前一状态(图 3-34)。

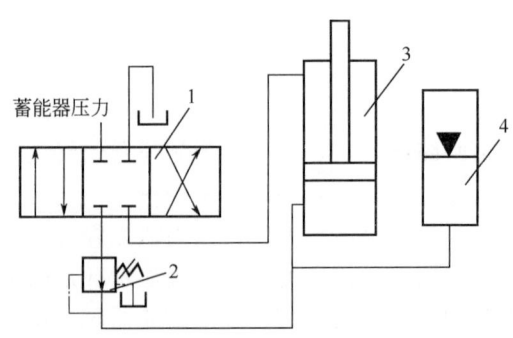

图 3-34 环形防喷器控制回路
1—三位四通阀;2—减压阀;3—环形防喷器;4—蓄能器

二、闸板防喷器控制回路

压力油进入三位四通阀,当三位四通阀处于关位时,压力油通过三位四通阀和减压阀进入闸板防喷器关闭腔,减压阀调节闸板防喷器的关闭压力,顺时针旋转增加环形关闭压力,逆时针旋转减小环形关闭压力,回油通过三位四通阀流回油箱,闸板防喷器关闭。闸板防喷器一般关闭压力为 2.8~4.8MPa,如果超过 4.8MPa,则需要检查闸板防喷器耐磨填料,在试压过程中,一般将卡瓦关闭压力调节到 10.5MPa。某些美式设备闸板防喷器没有调压阀,关闭压力为蓄能器压力。

当三位四通阀处于右位时,压力油通过三位四通阀进入闸板防喷器开启腔,回油通过减压阀中的单流阀和三位四通阀流回油箱,闸板防喷器打开;当手柄处于中位时,闸板防喷器开关口与进回油隔离,维持前一状态(图 3-35)。

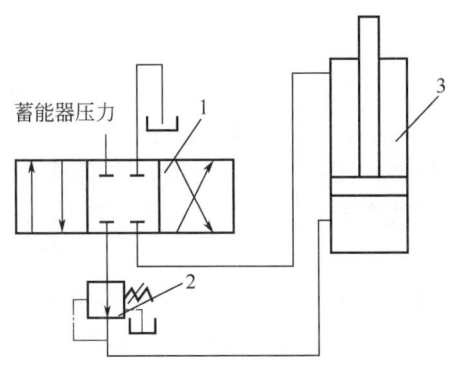

图 3-35 闸板防喷器控制回路
1—三位四通阀;2—减压阀;3—闸板防喷器

三、平衡泄压阀控制回路

压力油进入三位四通阀,当三位四通阀处于关位时,压力油通过三位四通阀进入平衡泄压阀执行机构关闭腔,回油通过三位四通阀流回油箱,平衡泄压阀关闭;当三位四通阀处于开位时,压力油通过三位四通阀进入平衡泄压阀开启腔,回油通过三位四通阀流回油箱,平衡泄压阀打开;当手柄处于中位时，平衡泄压阀执行机构开关口与进回油隔离，维持前一状态（图3-36）。

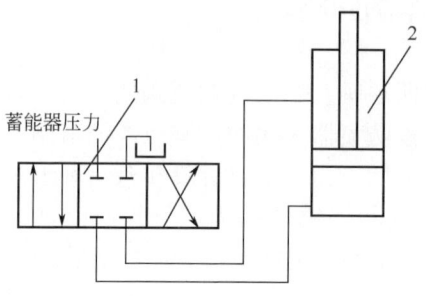

图3-36　平衡泄压阀控制回路
1—三位四通阀；2—平衡泄压阀执行机构

第四节　桅杆绞车控制系统

桅杆绞车控制系统主要包括桅杆控制系统和绞车控制系统。

桅杆升降形式决定控制形式，如果桅杆采用液缸升降，可利用蓄能器系统压力和闸板防喷器控制阀组控制桅杆升降，采用弹簧复位、中位关闭三位四通阀；如果桅杆采用绞车升降，则利用绞车系统压力、二位三通阀和三位四通阀控制桅杆升降。

绞车控制，即控制绞车上升或下降，绞车控制模式包括普通模式控制和平衡模式控制。采用平衡模式控制，绞车可以随举升机运动，方便钻磨施工作业，如图3-37所示。

一、普通模式控制回路

绞车方向控制阀采用弹簧复位、中位关闭三位四通阀。

压力油进入三位四通阀，当三位四通阀位于上升位时，压力油进入绞车上升口，同时解除绞车制动，绞车上升；当三位四通阀处于下降位时，压力油进入绞车下降口，同时解除绞车制动，绞车下降，如图3-38所示。

第三章 控制系统

二、平衡模式控制回路

先导压力油进入绞车制动器，解除绞车制动。压力油进入三位四通阀，保持三位四通阀位于上升位，压力油通过溢流阀进入绞车上升口，绞车上升，调节溢流阀压力，控制绞车拉力；当悬挂载荷大于绞车上提力时，在载荷的作用下，马达变成液压泵，液压油经过马达下降口，从上升口流出，通过溢流阀、单向阀流回马达下降口，形成小循环，绞车下降，同时也可以通过手柄控制绞车下降（图3-39）。

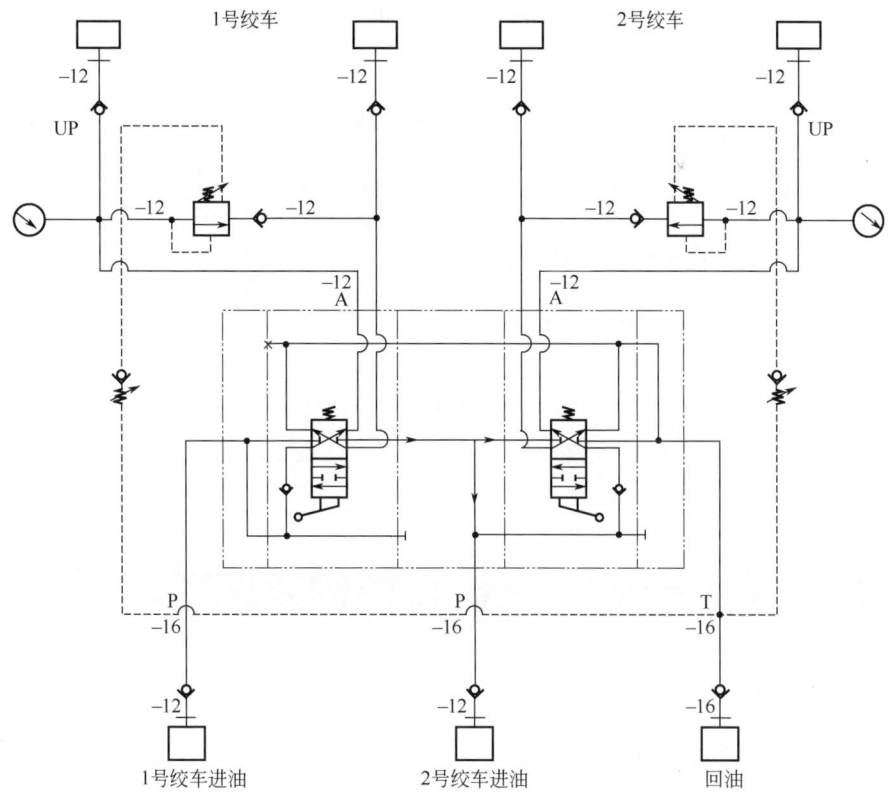

图 3-37 平衡绞车控制回路

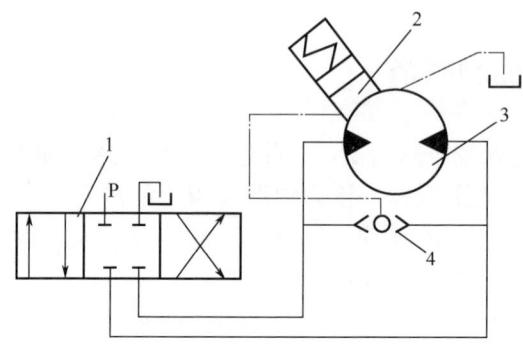

图 3-38 普通模式控制回路

1—三位四通阀；2—液压马达；3—梭阀；4—马达制动器

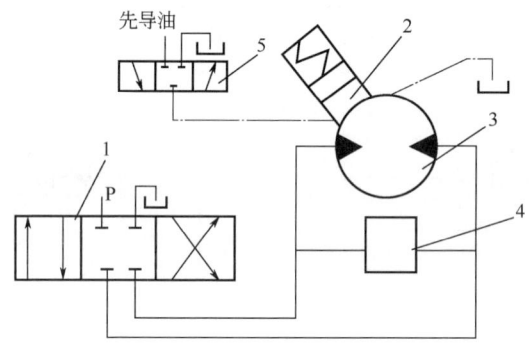

图 3-39 平衡模式控制回路

1—三位四通阀；2—马达制动器；3—液压马达；4—溢流阀；5—二位三通阀

第五节　控制阀结构及原理

一、HUSCO 主换向阀

1．功用

1）换向功能

主换向阀，安装在举升机液缸上，动力系统的高压油进入主换向阀，主换向阀控制液压油流入举升机液缸的塞腔和杆腔，从而控制举升机上行和下

第三章 控制系统

放。主换向阀包括两个进回油模块和工作模块。

2）差动功能

主换向阀带有差动功能，提高举升机上行速度的同时不影响下行。

2. 结构

目前带压作业机举升机主换向阀通用 HUSCO 逻辑三位四通控制阀，该阀包括两部分，进回油模块和工作模块，每个工作模块均为一个三位四通阀，三位四通阀通过分流阀控制，精确度高。

目前带压作业机常见的 HUSCO 主换向阀型号为 6400 和 6500，某些大扭矩、高速转盘采用 6000 型，各型号主要区别是流量不同。同时，可以通过增加工作模块提高流量。

1）进回油模块

进回油模块包括溢流阀/节流阀和负载止回阀，如图 3-40 所示。当先导控制阀处于中位时，溢流阀/节流阀打开，液压油流回液压油箱。当先导控制阀处于工作位时，溢流阀/节流阀关闭，液压油流入液缸。单向阀控制负载，直到液压油压力大于负载，实现举升机的上行或下放。

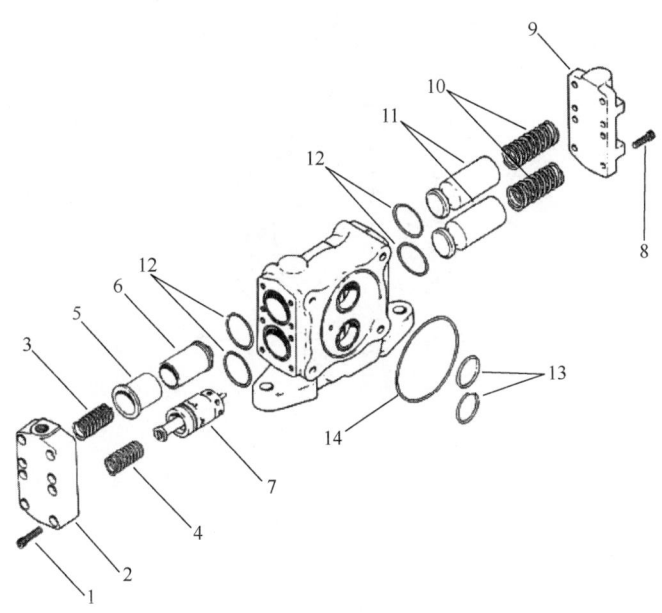

图 3-40 进回油模块

1，8—螺栓；2，9—顶盖；3，4，10—弹簧；5—滑套；6—阀件；
7—溢流阀；11—滑阀；12，13，14—O 形密封圈

2）工作模块

工作模块主要包括壳体和阀芯,压力油通过进回油模块进入工作模块,如图3-41所示,先导阀控制工作模块阀芯的换向,实现举升机的上行和下放。

3. 工作原理

1）先导阀处于中位

先导阀处于中位,先导油直接回到油箱,导致阀芯前后压差下降,阀芯内弹簧关闭节流孔,主溢流阀/节流阀打开,主进油与主回油连通,从而建立循环。

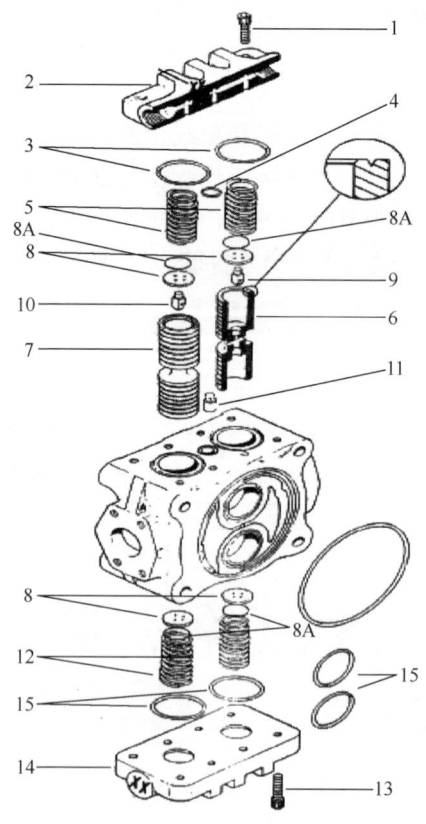

图3-41 工作模块

1—螺栓;2—护盖;3—阀芯O形密封圈;4—单流阀O形密封圈;5,12—弹簧;
6—下降阀芯;7—上升阀芯;8—垫片;8A,15—O形密封圈;9—先导阀孔1;
10—先导阀孔2;11—单流阀;13—螺栓;14—盲板

第三章　控制系统

2）举升机正常上行/下行

先导手柄处于上升位，先导油进入 HUSCO 阀工作模块内的上升位阀芯，先导压力上升，关闭进回油模块内的主溢流阀/节流阀，同时，先导油通过工作模块内上升位阀芯中间的节流孔进入液缸，阀芯前后压差促使阀芯向下移动，主进油进入液缸无杆腔直到产生足够的力推动液缸，举升机开始向上移动，有杆腔的部分液压油通过工作模块内下降阀芯的中心节流孔、下降阀芯和先导阀流回油箱，同时通过节流孔作用，下降阀芯前后产生压差，推动阀芯向上移动，有杆腔与主回油连通，回到液压油箱，举升机上行。反之举升机下行。

举升机上行/下行速度可以通过先导阀的开度控制，当先导阀开度增加时，增加流经先导阀先导油的流量，先导流量增加，则增加上升阀芯前后压差，阀芯开度越大，同时增加下降阀芯前后压差，下降阀芯开度增大，提高举升机上行速度。反之增加举升机下行速度。

3）差动回路

（1）举升机上升。

差动回路先导阀处于差动位置，举升机先导阀处于上升位置，先导油直接进入工作模块的上升阀芯，先导压力上升，关闭进回油模块的主溢流阀/节流阀，同时先导油通过上升阀芯中间的节流孔进入液缸，上升阀芯前后产生压差，阀芯下行，主进油与液缸无杆腔连通，直到产生足够的力促使液缸开始上行。有杆腔部分液压油通过下降阀芯节流孔和阀芯进入差动先导回路，先导油产生压差推动阀芯下行，有杆腔与主进油连通，主进油通过下降阀芯，进入无杆腔，有杆腔回油直接进入无杆腔，提高举升机上行速度。

（2）举升机下降。

先导油通过单流阀和差动控制阀进入工作模块下降阀芯，先导压力增加，关闭进回油模块主溢流阀/节流阀，同时先导油通过阀芯的节流孔进入进回工作口，阀芯前后产生压差，推动阀芯向下移动，主进油进入液缸有杆腔，直到产生足够的力推动液缸开始下行。无杆腔部分液压油通过上升阀芯的节流孔、先导阀流回油箱，同时在节流孔阀芯前后产生压差，推动阀芯向上移动，无杆腔与主回油连通。

二、三位四通阀

1. 功用

三位四通阀（图3-42）主要控制防喷器、平衡泄压阀、卡瓦等执行机构开关，三位四通阀按照复位方式可以分为弹簧复位、摩擦定位；按照中位功能分为中位关闭和中位连通。卡瓦、防喷器和平衡泄压阀均采用摩擦定位、中位关闭三位四通阀。举升机先导阀采用弹簧复位、中位连通三位四通阀。

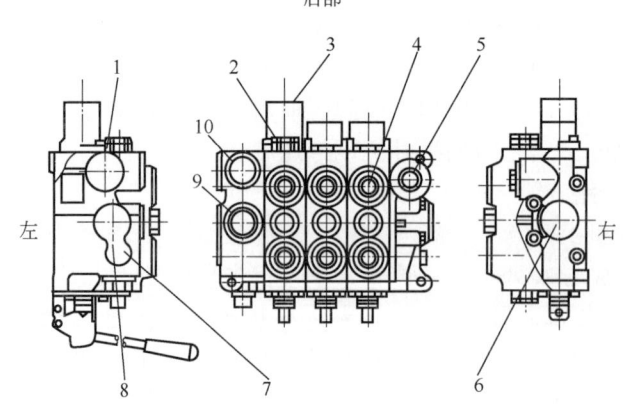

图3-42 三位四通阀

1—末端回油口1；2—溢流阀/单向阀；3—阀芯定位器；4—工作口；5—上回油口1；
6—末端回油口2/串并联口；7—测压口；8—末端进油口；9—上进油口；10—上回油口2

2. 结构

三位四通阀主要包括工作模块（图3-43）和进回油模块（图3-44），压力油通过进回油模块的压力油口进入工作模块，每个工作模块的压力油口装有单向阀，相互独立，工作模块实现执行机构的开关，回油再经过进回油的回油口流回液压油箱。

工作模块根据不同的工况，选择相应的操作方式，包括弹簧复位（图3-45）、摩擦定位（图3-46）、液压远程操作（图3-47）、手动/液压操作（图3-48）。

第三章 控制系统

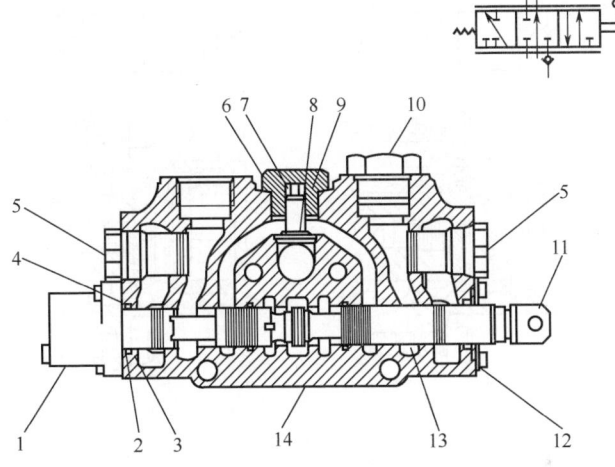

图 3-43 三位四通阀工作模块

1—阀芯定位器；2—垫圈；3—O 形密封圈；4—承托环；5—堵塞；6，10—堵头；7—弹簧；
8—单流阀；9—O 形密封圈；11—阀芯末端；12—挡板；13—阀芯；14—阀体

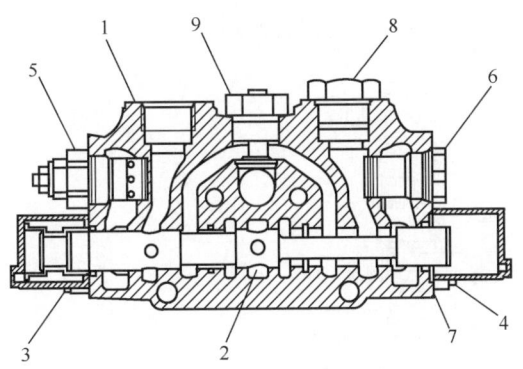

图 3-44 三位四通阀进回油模块

1—壳体；2—阀芯；3—阀芯定位器；4—护罩；
5—溢流阀；6，8—堵头；7—密封圈；9—堵头

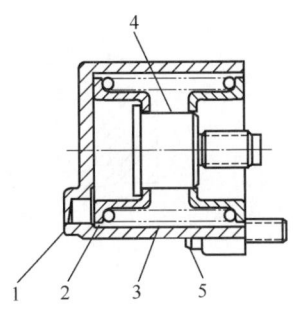

图 3-45 弹簧复位模式

1—护罩；2—挡圈；3—弹簧；
4—接头；5—螺栓

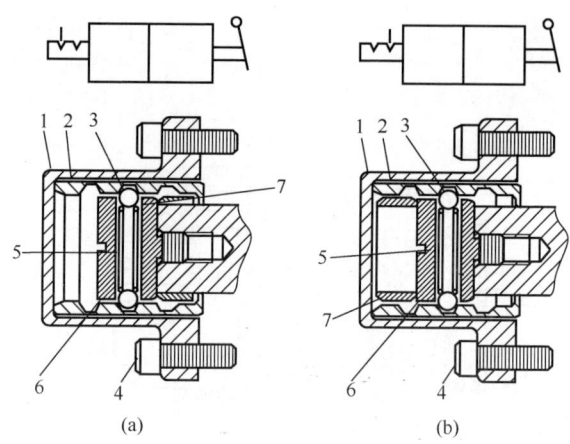

图 3-46 摩擦定位模式

1—护罩；2—滑套；3—定位球；4—螺栓；
5—弹簧；6—挡圈；7—挡板

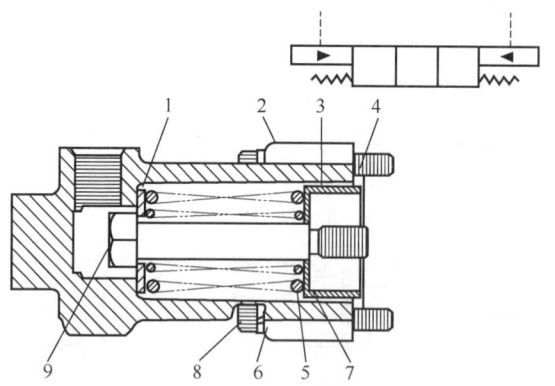

图 3-47 液压远程操作模式

1—垫片；2—护罩；3—接头；4—密封圈；5，7—弹簧；
6—弹簧圈；8—螺栓；9—定位器

第三章 控制系统

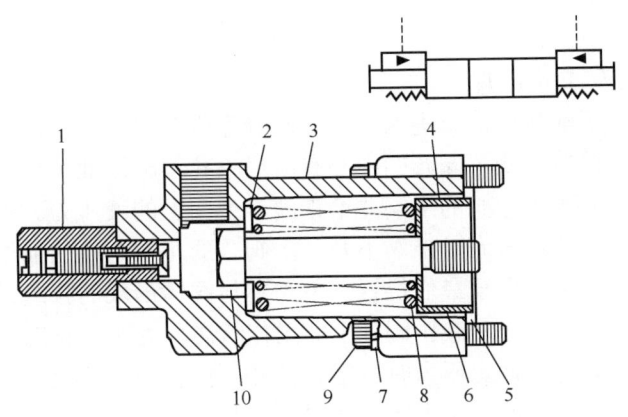

图 3-48 手动/液压操作模式

1—溢流阀；2—挡圈；3—护罩；4—接头；5—密封圈；
6，8—弹簧；7—弹簧垫圈；9—螺栓；10—定位器

3．工作原理

手动操作时有三个位置：关位、中位、开位。当手柄处于关位时，阀芯使P与A、B和T连通，压力油由P经A再沿管路进入防喷器的关闭油腔，使防喷器关闭，与此同时，防喷器开启油腔里的油沿管路B经T口流回油箱。当手柄处于开位时，阀芯使P与B、A和T连通，防喷器打开（图3-49）。

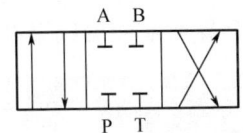

图 3-49 三位四通阀示意图

P—压力油口；T—回油口；A—1号工作口；B—2号工作口

三、减压阀

1．功用

减压阀主要用于调节卡瓦、闸板防喷器和环形防喷器压力。调节卡瓦开关压力，控制卡瓦开关速度，保护卡瓦；调节闸板防喷器和环形防喷器关闭压力，根据不同井压调节相应关闭压力，降低胶芯及填料磨损，延长其使用

寿命。

2. 结构及工作原理

工作时液压油从进油口进入，经主阀缝隙流到出油口，送往执行机构。主阀芯左端有轴向沟槽，阀芯的中心有阻尼小孔，减压油可经过槽口、阻尼孔、油室和孔通到先导阀的下端并给锥阀一个向上的液压力。当负载较小，出油口压力小于调定压力时锥阀不开，主阀芯的左右两端的油压相等，主阀芯在平衡弹簧作用下压至最低位置，主阀芯与阀体形成的狭缝最大，油液流过时压力损失最小，这时减压阀处于非工作状态，为常开状态。当负载较大时，出油口压力达到调定压力时，锥阀打开，控制油开始流动，主阀芯上的阻尼孔有油液流过，产生压力降，使得主阀芯右端油压小于左端油压，主阀芯在压力差的作用下克服平衡弹簧的作用而右移，使主阀口的狭缝减小，产生压力降。此压力降能自动调节，使出油口油压稳定在调定值上，此时减压阀处于工作状态。当负载更大时，节流口将更小，压力降更大，使出油口压力稳定在调定值上。

四、三位四通转阀

1. 功用

三位四通转阀主要用于环形防喷器开关控制，该阀泄漏量少，可以保证环形防喷器长时间关闭，不会导致蓄能器频繁补压（图3-50）。

图3-50　三位四通转阀

2. 结构

该阀装有止推轴承，手柄操作轻便灵活。阀盖上部装有由弹簧、钢球、定位板组成的定位机构，手柄转动后即锁住实现定位，阀体装有三个阀座，阀座下面装有蝶形弹簧使阀座与阀紧贴密封。压力油作用在阀座底部起油压助封作用。3个阀座的油口和回油口各自与管线连接。上方油口为P口，接压力油管路；下方油口为O口，接通油箱管路；左右A口与B口则接通环形防喷器的开、关油腔管路，阀芯有4个孔口，两两相通形成两条通道，即压力油和回油口各形成一个通道。

该阀采用平面密封形式，阀芯在转轴的带动下，在阀座上转动并形成密封。初始起压时，阀芯在阀座上的预紧力由波形弹簧产生；起压后，压力油推阀芯使其与阀座密封。

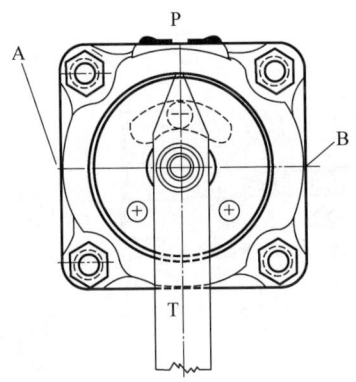

图 3-51 三位四通转阀油口

3. 工作原理

手动操作时有三个位置：关位、中位、开位。当手柄处于关位时，阀芯使P与A、B和O连通，压力油由P经A再沿管路进入防喷器的关闭油腔，使防喷器关闭，与此同时，防喷器开启油腔里的油沿管路B经O口流回油箱；左开右关，中位时四个油口均被切断，防喷器保持在上一操作程序所处的位置；手柄处于开位时，阀芯使P与B、A和O连通，防喷器打开。

五、调压阀

1. 功用

调压阀用来调节举升机液缸系统、转盘系统、绞车系统压力，设置举升力或下压力上限，防止对管柱造成损坏；调节转盘扭矩，控制转盘转速；调节平衡绞车提升能力，使其操作顺畅。

2. 结构与工作原理

调压阀结构如图 3-52 所示，调压阀一般连接到先导溢流阀的先导口，先导口的压力油经过调压阀后产生一定压力，该压力反馈到先导溢流阀内，从而控制先导溢流阀。

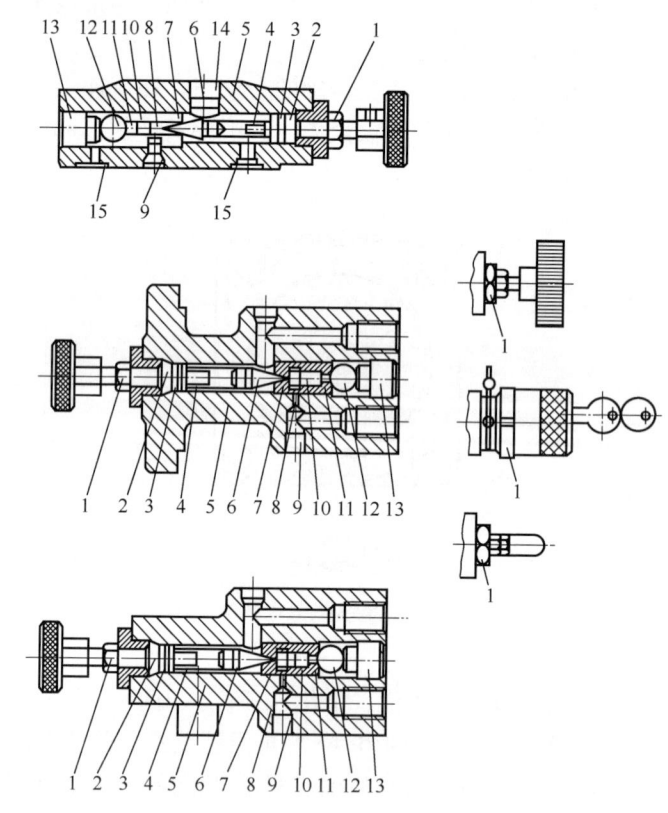

图 3-52 调压阀

1—锁紧螺母；2—活塞密封圈；3，15—O 形密封圈；4，11—弹簧；
5—壳体；6—锥面阀芯；7—阀座；8—缓冲活塞；9，14—堵头；
10—缓冲滑套；12—球；13—螺栓

第三章 控制系统

本章知识要点

（1）举升机液缸控制回路。
（2）卡瓦控制回路。
（3）转盘控制回路。
（4）环控密封系统控制回路。
（5）桅杆绞车系统控制回路。
（6）液压钳控制回路。
（7）举升机换向阀结构及原理。
（8）三位四通换向阀结构及原理。

思考题

（1）如何设置举升机压力？
（2）使用举升机制动系统的原因及使用方法是什么？
（3）使用举升机锁紧回路的原因及使用方法是什么？
（4）卡瓦压力一般设置为多少？
（5）哪些使用卡瓦保护回路？
（6）转盘扭矩与哪些因素有关？
（7）如何设置转盘扭矩？
（8）环形防喷器保持密封时的一般关闭压力是多少？
（9）闸板防喷器一般关闭压力是多少？
（10）转盘系统压力源如何控制？
（11）如何使用平衡绞车？
（12）使用平衡绞车应注意哪些问题？
（13）简述 HUSCO 控制阀结构。
（14）简述三位四通换向阀结构及原理。

第四章　举升下压系统

举升下压系统是带压作业机的主要执行机构，主要包括卡瓦、举升机液缸、转盘三部分。卡瓦卡住管柱，通过液缸上行下放起下管柱，防止管柱落入井内或飞出井口；转盘可以实现旋转钻磨施工。举升下压系统是带压作业机的核心之一。

第一节　卡瓦

卡瓦主要用于卡瓦管柱，分为承重卡瓦和防顶卡瓦，承重卡瓦防止管柱落入井内，防顶卡瓦防止管柱飞出井口。带压作业设备一般常配4组卡瓦，1个游动承重卡瓦，1个游动防顶卡瓦，1个固定防顶卡瓦和1个固定承重卡瓦。在高压井施工过程中，也经常配2个游动防顶卡瓦和2个固定防顶卡瓦。

一、卡瓦的类型

带压作业卡瓦主要分为Cavins型卡瓦、Hydra Rig型卡瓦和万能卡瓦。Cavins卡瓦和Hydra Rig卡瓦均为锥面卡瓦，带自锁功能。万能卡瓦依靠液缸的压力夹紧管柱。

Cavins型卡瓦通径大，可以直接通过大外径工具串。但Cavins型卡瓦采用连杆机构开关，同步性差，具体参数见表4-1。

Hydra Rig型卡瓦采用液缸直推、机械同步方式，同步性能高。但Hydra Rig型卡瓦通径小，不能直接过大直径工具串，需要将其侧门打开，移开卡瓦，工具串通过后再移回，具体参数见表4-2。

万能卡瓦通过液缸压力夹紧管柱，压力越大，夹紧力越大。万能卡瓦载荷较小，同时会对管柱造成较深牙痕，一般只在注水井带压作业设备上使用，具体参数见表4-3。

第四章 举升下压系统

表 4-1 Cavins 卡瓦

型号	载荷，t	通径，mm	管柱尺寸，mm
B 型卡瓦	55	120.7	33.4~88.9
C 型卡瓦	82.5	179.4	33.4~139.7
CHD 型卡瓦	135	179.4	33.4~139.7
F 型卡瓦	200	257.2	60.3~219
G 型卡瓦	350	340	60.3~340

表 4-2 Hydra Rig 卡瓦

型号	载荷，t	通径，mm	管柱尺寸，mm
350 型卡瓦	68	136.5	19~88.9
550 型卡瓦	106.6	212.7	31.8~139.7
763 型卡瓦	154.2	249.2	60.3~193.7
962 型卡瓦	208.7	266.7	60.3~244.5

表 4-3 万能卡瓦

型号	载荷，t	通径，mm	管柱尺寸，mm
WWN18-21/35	65	180	25.4~139.7

二、卡瓦的结构与工作原理

1. Cavins 型卡瓦

Cavins 型卡瓦结构如图 4-1 所示，当关闭卡瓦时，液缸活塞杆伸出，带动连杆向前伸出，左右卡瓦轴同时带动摇臂向卡瓦壳体内运动，摇臂将卡瓦座送入壳体锥面内，卡瓦关闭；打开卡瓦动作相反。

Cavins 卡瓦壳体采用锥面结构，载荷越大，卡得越紧；如果载荷较大，打开卡瓦时需要活动管柱转移载荷后才能打开。Cavins 型卡瓦可以反转安装作为防顶卡瓦，作为防顶卡瓦时，需要在壳体上加工挡板防止卡瓦座落出，而 F 型和 G 型卡瓦用于防顶卡瓦时，需要在壳体内加工轨道、卡瓦座上装有滚轮作为导向和限位，否则卡瓦无法关闭。因此，Cavins 型防顶卡瓦和承重卡瓦不能互换。

Cavins 卡瓦一般采用 FCI 卡瓦牙，为单向卡瓦牙，只能承受单一方向的力；对于特殊要求管柱，例如气密封管柱或 P110 管柱，可采用微痕卡瓦牙。当扭矩较小时，Cavins 卡瓦可以用于旋转作业，当扭矩很大时，不能用卡瓦传递扭矩。

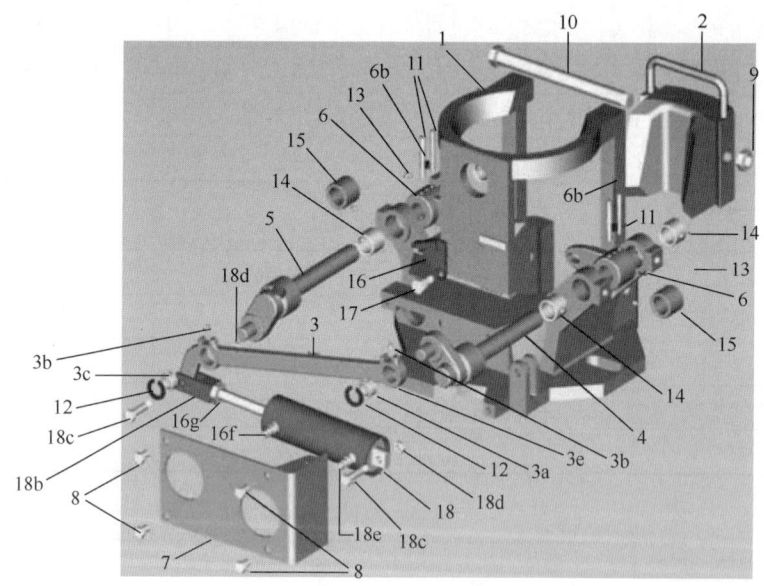

图 4-1　Cavins CHD 卡瓦

1—壳体；2—侧门；3—连杆总成（3a—连杆；3b—黄油嘴；3c—轴套）；4—右卡瓦轴；
5—左卡瓦轴；6—摇臂总成（6b—螺栓）；7—液缸护罩；8—护罩螺栓；9—侧门螺母；
10—侧门螺栓；11—销轴；12—卡簧；13—黄油嘴；14—铜套；15—垫环；16—安全挡板；
17—挡板螺栓；18—液缸总成（18b—液缸；18c—螺栓；18d—螺母；18e—快速接头）

2. Hydra Rig 型卡瓦

Hydra Rig 型卡瓦结构如图 4-2 所示，当关闭卡瓦时，4 个液缸活塞杆伸出，带动卡瓦座沿轨道下行，同时四个卡瓦座之间通过机械结构保证同步；打开卡瓦动作相反连。

Hydra Rig 卡瓦壳体采用锥面结构，载荷越大，卡得越紧；如果载荷较大，打开卡瓦时需要活动管柱转移载荷后才能打开。Hydra Rig 型卡瓦既可用于承重也可用于防顶，可以互换。

卡瓦带有侧门，当需要过大直径工具串时，卸掉侧门上的销轴，打开侧门，移出卡瓦，待工具串通过后再移回，关闭侧门并插入销轴。

第四章 举升下压系统

Hydra Rig 卡瓦牙为双向卡瓦牙，可承受双向力；对于特殊要求管柱，例如气密封管柱或 P110 管柱，可采用微痕卡瓦牙。Hydra Rig 卡瓦采用轨道设计，如果将卡瓦牙改成竖直牙，可以传递转盘扭矩。

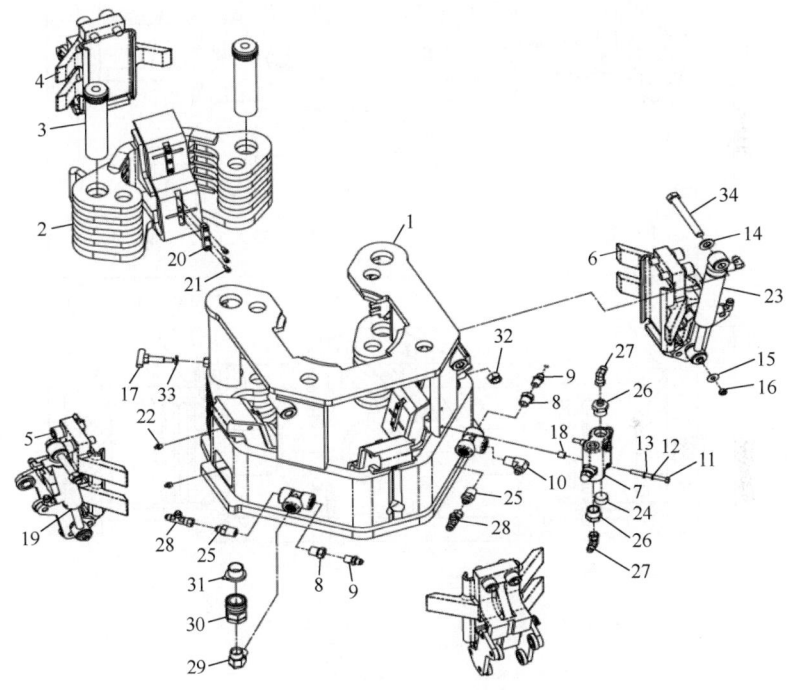

图 4-2　Hydra Rig 225K 卡瓦

1—壳体；2—侧门；3—侧门销轴；4—卡瓦座 1；5—卡瓦座 2；6—卡瓦座 3；7—溢流阀；
8—变扣接头；9—母接头；10—直角接头；11，21，34—螺栓；12—弹簧垫圈；
13，14，15—平垫；16—自锁螺母；17—T 形螺栓；18—钢管；19—右侧液缸；
20—键；22—黄油嘴；23—左侧液缸；24—内六角螺栓；25—变扣接头；
26—直角接头；27—三通接头；28—可旋转三通接头；29—直角接头；
30—快速接头；31—锁紧螺母；32—弹簧垫圈；33—弹簧垫

3. 万能卡瓦

万能卡瓦结构如图 4-3 所示，液缸推动闸板体，卡瓦牙卡住管柱，卡瓦关闭，液缸压力越大，卡得越紧；卡瓦打开相反。万能卡瓦既可承重，也可以防顶，无须改变卡瓦方向，因此只需安装一组万能卡瓦即可。

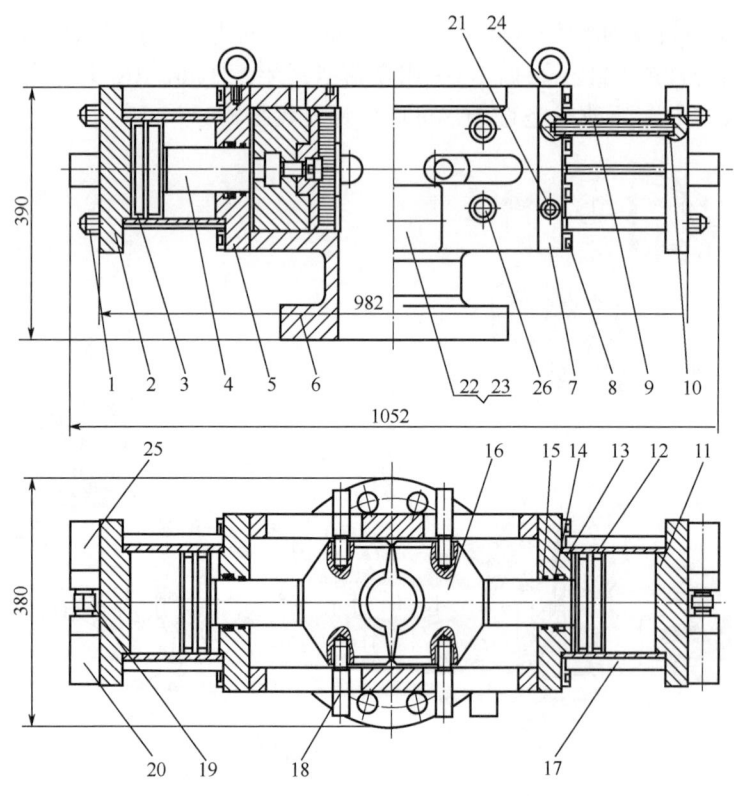

图 4-3 万能卡瓦

1—螺母；2—左缸盖；3—油缸；4—活塞轴；5—左侧门；6—壳体；7—右侧门；8—内六角螺钉；9—油路管，10，15—O 形密封圈；11—右缸盖；12—Y 形密封圈；13—O 形密封圈；14—轴用 Y_x 形密封圈；16—闸板总成；17—油缸连接螺栓；18—卡瓦体定位销；19—锁紧连接杆；20—左锁紧头；21，26—丝堵；22—铭牌；23—铆钉；24—吊环；25—右锁紧头

第二节　转盘

转盘主要用于钻磨作业过程中，带动管柱旋转，可以在轻管柱或重管柱

第四章 举升下压系统

模式下旋转，同时，转盘可以配合顶驱或动力水龙头进行钻磨施工。

一、转盘类型

转盘主要分为被动转盘和液压转盘，被动转盘需要配合动力水龙头进行旋转施工作业，液压转盘通过马达直接驱动管柱旋转。

二、转盘结构

液压转盘由游动横梁、传动机构、驱动机构、润滑系统和制动机构组成，如图 4-4、图 4-5 所示。驱动机构一般采用液压马达驱动，根据转盘的扭矩和转速选则合适的液压马达，一般采用 EATON 的摆线马达；传动机构分为齿轮传动和链条传动，根据游动横梁的尺寸选择合适的传动方式和传动比；制动机构一般采用蝶片制动器；润滑系统分为油脂润滑和油浴润滑，对于普通钻磨作业的转盘，可采用油脂润滑，钻井用转盘，采用油浴润滑，提高轴承的使用寿命。

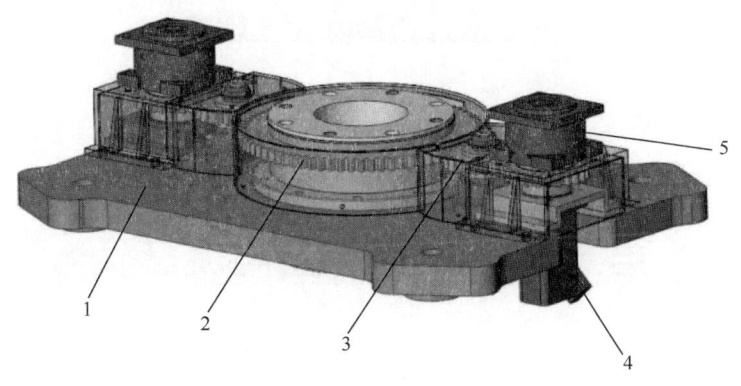

图 4-4 240K 液压转盘

1—游动横梁；2—传动机构；3—润滑系统；
4—驱动机构；5—制动机构

图 4-5　CRW 钻井用转盘

第三节　旋转卡盘与旋转筒

磨铣作业过程中,卡瓦不能够传递大扭矩,因此,需要专门配一套旋转卡盘,用于传递转盘扭矩。

一、旋转卡盘

旋转卡盘按驱动形式分成两种,手动旋转卡盘和液压旋转卡盘,如图 4-6、图 4-7 所示。手动旋转卡盘通过螺栓施加预紧力,从而传递转盘扭

第四章 举升下压系统

矩，该类旋转卡盘重量轻，加工方便，但传递扭矩小；液压旋转卡盘通过液压驱动施加预紧力，传递扭矩大，同时结构本身自带弹簧缓冲装置，利于倒扣和对扣等施工作业。

图 4-6　手动旋转卡盘　　　　　图 4-7　液压旋转卡盘

二、旋转筒

在钻磨作业过程中，常规转盘都需要将卡瓦管线卸掉后再使用转盘，操作不方便；且无法使用防顶卡瓦下压管柱。旋转筒可以实现在不拆卡瓦管线和旋转卡盘管线的前提下进行钻磨作业，如图 4-8 所示。

图 4-8　旋转筒

103

第四节 举升机液缸与防弯导管

一、举升机液缸

1. 功用

举升机油缸穿过立柱内孔，通过法兰与上基板连接。作业时利用液压系统实现举升机油缸的上下运动，从而带动游动卡瓦运动，倒出/下入油管和工具。

2. 结构

油缸上下终点均有液压缓冲结构，使油缸运动平稳。油缸升降速度可通过节流阀进行调节，当需要上升速度加快时，可通过操作液压换向阀实现差动，液缸上油口的回油进入下油口，单位时间内进入活塞下方的油量会大大增加，提高了油缸上升速度。

举升机液缸上行或下放速度快，压盖与活塞杆密封部位最容易渗漏，同时重载荷下，快速起下会导致活塞杆弯曲，压盖磨损活塞杆，因此压盖通常采用较软的铜，保护活塞杆，如图4-9、图4-10所示。

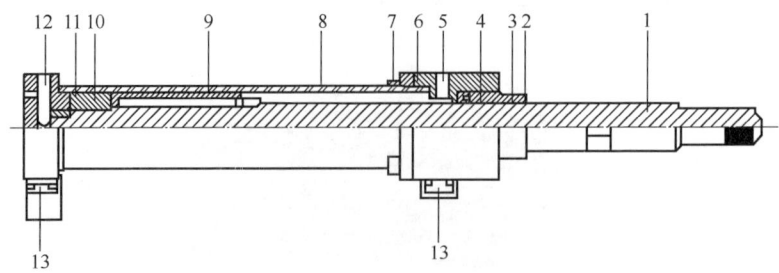

图4-9 模块化设备液缸

1—活塞杆；2—防尘圈；3—压盖；4—压盖密封圈；5—有杆腔油口；6—顶盖；7—螺栓；8—液缸；9—衬套；10—活塞；11—活塞密封圈；12—无杆腔油口；13—缓冲阀

第四章 举升下压系统

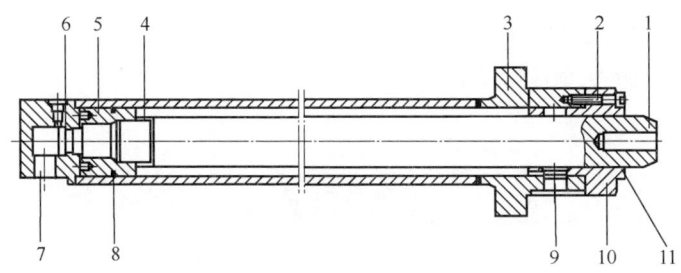

图 4-10 整体式设备液缸

1—活塞杆；2—螺栓；3—液缸；4—上缓冲套；5—活塞；6—下缓冲套；7—上升油口；
8—活塞密封圈；9—下降油口；10—压盖；11—压盖密封圈

二、防弯导管

1. 功用

带压作业过程中，上顶力过大会导致管柱弯曲，防弯导管主要用于高压井情况下，扶正及防止管柱弯曲。

2. 尺寸

根据不同尺寸管柱选择不同尺寸的防弯导管，一般原则是内管内径大于管柱接箍 6mm，外管内径大于内管外径 4mm，常见防弯导管尺寸见表 4-4。

表 4-4 常见防弯导管尺寸

油管尺寸，in	2.375	2.875	3.5	4
防弯管尺寸，in	3.125	$4\frac{1}{16}$	5.25	$7\frac{1}{16}$

本章知识要点

（1）卡瓦型号及各自优缺点。

（2）转盘结构。

（3）旋转卡盘功能。

（4）旋转筒功能。

（5）举升机液缸结构。
（6）常见防弯导管尺寸。

思考题

（1）卡瓦有哪些型号及优缺点？
（2）转盘有哪些结构及使用条件是什么？
（3）旋转卡盘的功能有哪些？
（4）旋转筒的功能有哪些？
（5）举升机液缸结构有哪些？
（6）常见防弯导管的尺寸有哪些？

第五章　环空密封系统

　　环空密封系统通常包括安全防喷器组、工作防喷器组和平衡/泄压系统等，并结合作业工艺通过合理组合来实现带压起下、转动管柱期间的环空压力密封。安全防喷器就是常规修井与钻井作业中使用的防喷器，一般用于井控应急关井和停止作业时的静密封；工作防喷器是用于控制运动管柱环空压力的装置，主要实现对作业管柱的动密封。本节主要介绍工作防喷器的环形防喷器和闸板防喷器以及平衡/泄压系统的结构原理。

第一节　工作环形防喷器

一、功用

　　当压力较低时，可以直接利用环形防喷器起下管柱；高压作业时，环形防喷器常关，防止井内流体窜出，保护操作人员。

二、结构和工作原理

　　目前带压作业设备工作环形防喷器均采用 Shaffer 球形胶芯环形防喷器，主要由壳体、顶盖、胶芯及活塞四大件组成（图 5-1），其工作原理如下：

　　关闭时，高压油从壳体中部下油口进入活塞下部关闭腔，推动活塞上行，活塞推动胶芯，由于顶盖的限制，胶芯不能上行，只能被挤向中心，储备在胶芯支撑筋之间的橡胶因相互靠拢而被挤向井口中心，直至抱紧钻具或全封闭井口，实现封井的目的。

　　当需要打开井口时，操作液压控制系统换向阀换向，使高压油从壳体中部上油口进入活塞上部的开启腔，推动活塞下行；关闭腔泄压，作用在胶芯上的推挤力消除，胶芯在本身弹性力作用下逐渐复位，打开井口。

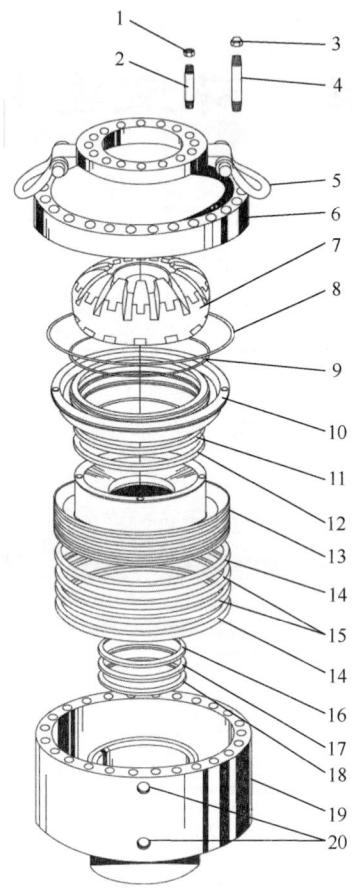

图 5-1　环形防喷器

1—法兰螺母；2—法兰螺栓；3—顶盖螺母；4—顶盖螺栓；5—吊耳；6—顶盖；7—胶芯；8—压盖外液压油密封圈；9—压盖外井筒密封圈；10—压盖；11—压盖内井筒密封圈；12—压盖内侧液压油密封圈；13—活塞；14，17—耐磨带；15—活塞外侧密封圈；16—活塞内侧井筒密封圈；18—活塞内侧液压油密封圈；19—壳体；20—堵头

三、环形防喷器胶芯

带压作业环形防喷器胶芯与常规胶芯不同，要求更加严格，必须满足以

第五章 环空密封系统

下要求才能用于带压作业。

1. 密封性能

1）恒井压试压

（1）关闭环形防喷器，关闭压力为 10.5MPa。

（2）施加 3.45MPa 的井压。

（3）降低关闭压力直至出现泄漏。

（4）泄放井压并开启 BOP。

（5）重复（1）～（4）的操作 10 次，每次的井压增量为 3.45MPa，确定胶芯是否可以密封。

2）恒关闭压力试验

（1）施加 3.45MPa 的关闭压力。

（2）逐渐增大井压直至出现泄漏或井压等于 35MPa。

（3）泄放井压并开启环形防喷器。

（4）重复（1）～（3）的操作，每次将关闭压力增加 0.69MPa，直到关闭压力达到 35MPa。

2. 疲劳性能

（1）将外径为 88.9mm 的试验芯轴装到环形防喷器内，关闭环形防喷器，关闭压力为 10.5MPa。

（2）关闭和打开环形防喷器 6 次，第 7 次关闭环形防喷器，关闭压力为 10.5MPa。

（3）施加 1.4～2.1MPa 的井压，保持 3min，然后将井压增加到 35MPa 并保持 3min，泄放井压。

（4）打开环形防喷器。重复（2）～（4）的操作，构成 1 个压力循环和 7 个功能循环。

（5）在第 20 次压力循环时，开启环形防喷器，在开启活塞达到最大位置后测量胶芯的内径，然后每隔 5min 测量一次内径，直至恢复到环形防喷器通径。

（6）重复（4）～（6）的操作，直至胶芯出现泄漏或已完成 364 个开关循环（52 个压力循环）。

3. 承压起下钻寿命试验

（1）检测并记录环形防喷器胶芯的硬度。将环形防喷器安装到承压起下钻设备上，连接 BOP 的开启和关闭管线，连接高压试压泵到井口。

（2）将蓄能器（至少 20L）连接到井口上，并将其预充值为试验时将要

采用井压的75%,每条关闭管线和井压管线应至少配备一个带压力传感器的测试仪器,所有压力传感器应与可提供永久性记录的数据采集系统相连。

(3)使用外径88.9mm并带模拟API 18°台肩的5in钻杆接头的试验芯轴。

(4)关闭环形防喷器,关闭压力为10.5MPa,施加6.89MPa的井压,降低关闭压力直至防喷器渗漏率小于4L/min。

(5)使试验芯轴以600mm/s的速度做往复运动,上下冲程1500mm,每分钟往复运动4次。在承压起下钻过程中井压变化不应超过±10%,根据需要增加关闭压力以使泄漏保持在轻微的起润滑作用的水平。继续试验直到泄漏速率在7MPa的关闭压力下达到4L/min或完成5000次循环。

4. 材质

常用环形防喷器胶芯材质为天然橡胶,天然橡胶耐磨性好。材质可以根据环形防喷器胶芯上的颜色代码确定,颜色代码可以用颜色区分橡胶的种类:丁腈橡胶—蓝色;天然橡胶—红色。

四、缓冲蓄能器

缓冲蓄能器主要起压力补偿的作用,当管柱接箍通过环形防喷器时,会在液压系统中产生压力波动,将缓冲蓄能器安装在控制环形防喷器管路上,管路压力的波动会立即被吸收,从而减少环形防喷器胶芯的磨损,同时也会在过接箍后使胶芯迅速复位,缓冲蓄能器安装在环形防喷器的关闭口。

第二节 工作闸板防喷器

一、功用

当压力超过21MPa时,需要使用上下闸板起下管柱。工作闸板防喷器可以实现动密封,密封环空压力,最高压力为140MPa。工作闸板防喷器与常规防喷器最大的区别是常规防喷器只能静密封,带压作业工作闸板防喷器可以实现动密封;同时,工作闸板防喷器反复开关,因而对防喷器加工及处理

第五章 环空密封系统

要求更高。

二、类型

工作闸板防喷器主要分为快速闸板防喷器（QRC）和 SRC 闸板防喷器及 Cameron U 闸板防喷器，QRC 和 SRC 闸板防喷器主要用于 35MPa 以下压力的情况，超过 35MPa，采用 Cameron U 闸板防喷器。

三、结构和工作原理

1. 快速闸板防喷器（QRC）

快速闸板防喷器结构如图 5-2 所示，当闸板防喷器关闭时，液缸通过三角架，带动活塞轴运动，关闭防喷器；打开动作与之相反。

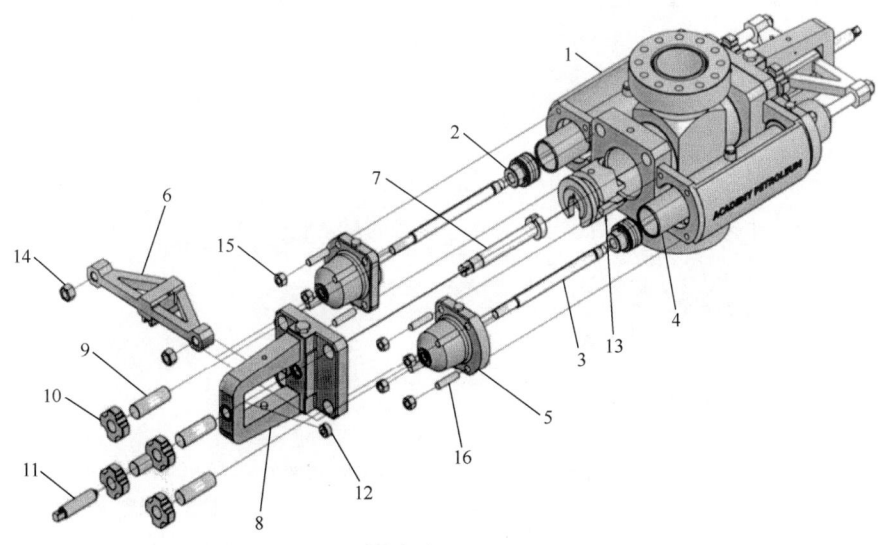

图 5-2 QRC 闸板防喷器

1—壳体；2—活塞；3—活塞杆；4—液缸；5—液缸头；6—三角架；7—闸板轴；8—侧门；
9—侧门螺栓；10—螺母；11—锁紧轴；12—锁紧轴帽；13—闸板总成；14—1.25in 螺母；
15—1in 螺母；16—1in 螺栓

快速闸板防喷器特点如下：

（1）快速闸板防喷器采用液缸外置，即使闸板轴密封失效，井内流体也不会通过液路进入液压系统。

（2）快速闸板防喷器侧门采用锤击螺母，拆卸方便，可快速更换闸板体。

（3）快速闸板防喷器闸板腔体采用圆形结构，且无退沙槽，因此 QRC 闸板防喷闸板体可以反装。

（4）快速闸板防喷器下法兰可以做成旋转法兰，方便设备安装。

2. Cameron U 闸板防喷器

Cameron U 闸板防喷器结构如图 5-3 所示，当闸板防喷器关闭时，液缸推动活塞轴运动，防喷器关闭；打开动作与之相反。

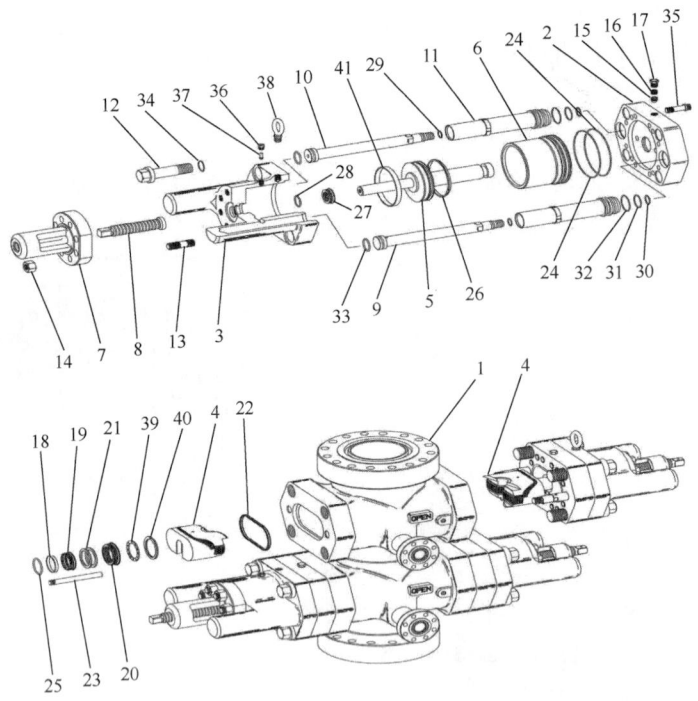

图 5-3　Cameron U 闸板防喷器

1—壳体；2—中间法兰；3—侧门；4—闸板总成；5—活塞；6—液缸；7—锁紧轴法兰；8—锁紧轴；
9—活塞（更换闸板开）；10—活塞（更换闸板关）；11—液缸（更换闸板）；12—侧门螺栓；
13—锁紧轴法兰螺栓；14—锁紧轴法兰螺母；15—单流阀；16—内六角螺栓（注脂）；
17—二次密封脂；18—防尘圈；19—V 形密封圈；20—闸板轴密封圈；21、41—支撑环；
22—侧门密封；23—闸板总成导向销；24—液缸 O 形密封圈；25—中间法兰 O 形密封圈；
26—活塞密封圈；27—活塞杆密封圈；28—防尘圈；29—O 形密封圈（更换闸板活塞在壳体处）；
30—O 形密封圈（更换闸板活塞杆）；31—O 形密封圈（更换闸板液缸在中间法兰处）；
32—O 形密封圈（更换闸板液缸在侧门处）；33—O 形密封圈（更换闸板活塞）；
34—O 形密封圈（侧门螺栓）；35—中间法兰到侧门螺栓；36—排气口；
37—排气口堵头；38—提升孔；39—垫板；40—支撑环；41—活塞耐磨带

第五章 环空密封系统

3. 闸板防喷器耐磨填料

闸板防喷器耐磨填料主要分为两种，一种是 garlok 填料；另一种是 UHWM 填料，如图 5-4 所示，garlok 较软，对卡瓦牙和管柱要求不高，一般用于 35MPa 以下防喷器。UHWM 填料主要用于高压防喷器，耐磨性好，对管柱和卡瓦要求高。UHWM 分为防旋转和普通两种类型，防旋转 UHWM 填料为矩形，使用过程中不会发生转动。普通 UHWM 填料为半圆形，通过螺钉固定。

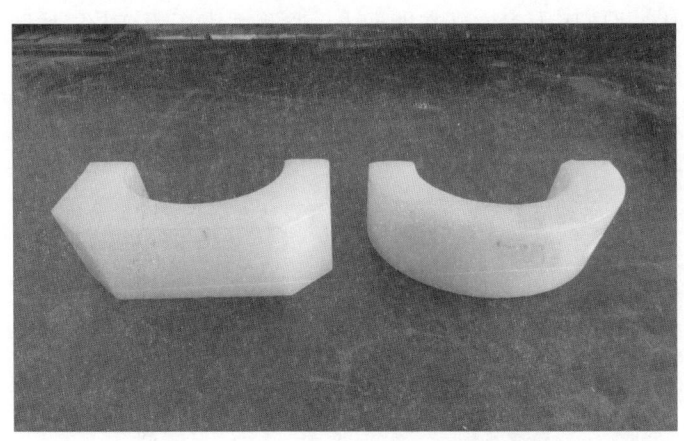

图 5-4　UHWM 耐磨填料

第三节　平衡泄压系统

一、功用

本系统主要用于起下工具串或管柱接箍时平衡或放掉上下工作闸板防喷器之间的压力。当井口压较低，使用环形防喷器工作时，放压部分也可起到保护人员的作用。

四通的作用：增加上下工作闸板之间的距离，来容纳尺寸较大的工具，另外也可以作为临时节流口。

平衡阀和泄压阀的作用：平衡/放掉上下闸板之间（四通内）的压力，达到保护闸板防喷器胶件和工作人员的目的。

二、结构

平衡泄压阀一般安装在四通两侧，也可以安装在四通一侧，有些设备将平衡泄压阀与防喷器侧出口连接。平衡泄压阀分别与节流阀连接，用来保护平衡泄压阀。井口压力表安装在四通上，监测井内压力变化，如图5-5所示。

图 5-5　150K 平衡泄压系统

1—18-35六通；2—手动旋塞阀；3—井筒压力传感器；4—液动旋塞阀；
5—节流阀六通；6—活接头法兰；7—盲板法兰；8—52-35六通

三、液控旋塞阀的结构及工作原理

液控旋塞阀主要由驱动头和旋塞阀组成，驱动头采用活塞和蜗杆形式，压力油进入驱动头，驱动活塞上行或下降，从而带动蜗杆左旋或右旋90°，打开或关闭旋塞阀。不同压力和通径的旋塞阀，应选择相应的驱动头，以方便开关，如图5-6所示。

四、节流阀的结构及工作原理

节流阀的控制各有不同，有固定式和可调式，可调式节流阀分为笼套式

第五章 环空密封系统

节流阀和蝶片式节流阀。

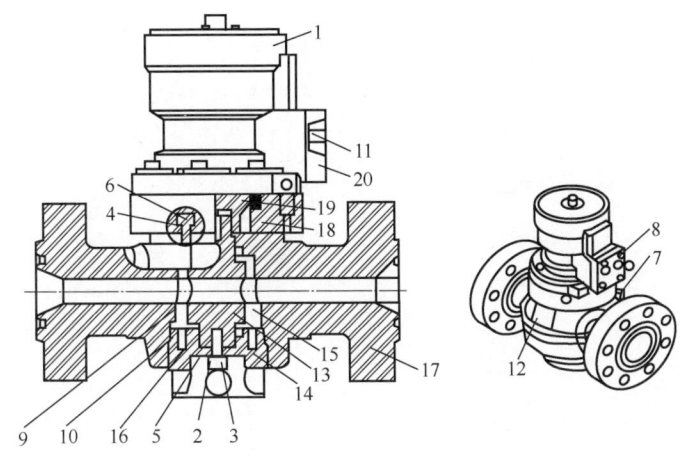

图 5-6 液动旋塞阀

1—驱动马达；2—平垫；3—内六角螺栓；4—弹簧垫；5—平垫；6—内六角螺栓；7—注脂孔；8—内六角螺栓；9—阀芯 O 形密封圈；10—底盖 O 形密封圈；11—供油法兰 O 形密封圈；12—铭牌；13—阀芯；14—底盖；15—阀座；16—阀座 O 形密封圈；17—阀体；18—过度法兰；19—变径法兰；20—供油口变径法兰

固定节流阀的流量是固定不变的，可根据需要更换不同尺寸的节流嘴而得到不同的流量。

笼套式节流阀，其阀为桶形，为整体硬质合金。阀座内圈镶硬质合金，阀盖与介质接触端焊有硬质合金，使之具有良好的耐磨性和抗腐蚀性。在阀的出口通道上嵌有尼龙的耐磨衬套，以保护阀体不受磨损。

蝶片式节流阀，两个蝶片采用高硬度碳化钨重叠保持密封，每个蝶片加工一个半弧形通孔，通过调节两个半弧形孔的重合大小，调整节流孔大小。当半弧形孔完全分开时，可以密封。

五、压力传感器的结构及工作原理

一些设备通过管线直接连接到压力表，比较简单，不再具体描述。对于高压气井带压作业，直接将高压气体引到操作台风险很大，因此一般会装压力传感器，压力传感器分为 1∶1 和 1∶4 两种，图 5-7 所示为 1∶4 压力传感器。

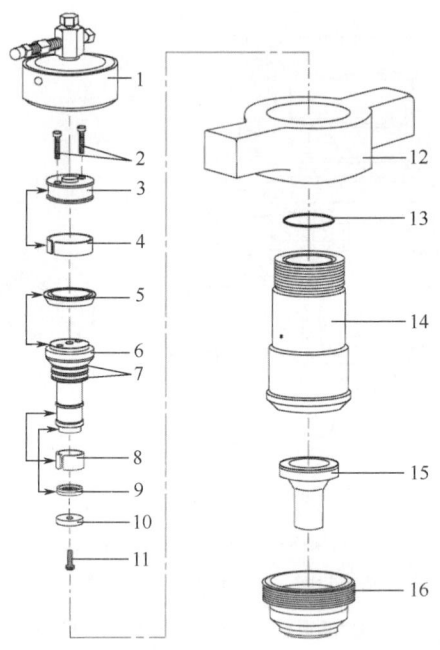

图 5-7　1∶4 压力传感器

1—顶盖；2，11—螺栓；3—变径接头；4—耐磨带；5—上密封圈；6—活塞；
7—弹簧垫片；8—耐磨带；9—下密封圈；10—垫片；12—内螺纹活接头；
13—O 形密封圈；14—活接头；15—隔离皮碗；16—外螺纹活接头

本章知识要点

（1）环形防喷器的结构及工作原理。
（2）带压作业环形防喷器胶芯的使用条件。
（3）带压作业工作防喷器的分类及优缺点。
（4）平衡泄压系统的结构。

第五章 环空密封系统

思考题

（1）环形防喷器的结构及工作原理是什么？
（2）带压作业环形防喷器胶芯的使用条件是什么？
（3）带压作业工作闸板防喷器有哪几种，每种的优缺点是什么？
（4）平衡泄压阀有哪几种？
（5）节流阀有哪几种？
（6）为什么要使用压力传感器？

第六章　桅杆绞车系统

第一节　桅杆系统

一、功用

桅杆是绞车的安装载体，是起下管柱时的支撑臂，可以起下单根油管或工具，也可以悬吊水龙带和带压作业水龙头，替代吊车和修井机，独立完成作业。

二、结构

桅杆主要包括基本臂、伸缩臂和加长臂。基本臂固定在设备上，伸缩臂沿基本臂伸缩。桅杆升降可以采用绞车钢丝升降，也可以采用液缸升降，采用绞车钢丝绳升降，基本臂上需要设计有机械锁死机构，当桅杆完全伸出后要用锁紧机构将其锁定，当要收回桅杆时要先打开锁紧机构，然后再操作桅杆收缩手柄。加长臂主要用于桅杆高度不够的情况，在桅杆顶端加长，如图 6-1 所示。

第六章 桅杆绞车系统

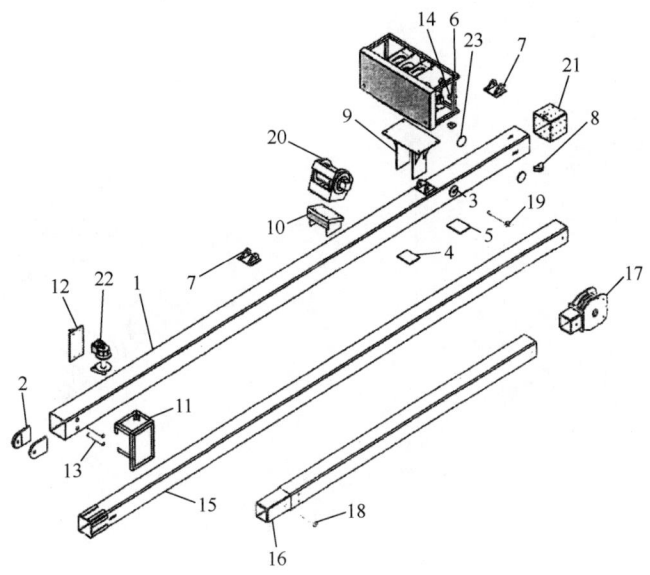

图 6-1 桅杆结构

1—基本臂；2—下支撑点；3—加厚板 1；4—吊点 C；5—吊点 D；6—吊点 E；7—吊点 F；8—吊点 G；9—平衡绞车固定架；10—主绞车固定架；11—桅杆升降绞车固定架；12—桅杆升降绞车固定板；13—销轴；14—平衡绞车；15—伸缩臂；16—加长臂；17—滑轮；18—滑轮销轴；19—机械锁；20—主绞车；21—耐磨板；22—升降绞车；23—加厚板 2

第二节 绞车系统

一、功用

绞车用于起下油管、工具等，分为普通、平衡两种工作模式。

绞车的普通模式用于一般工况下，例如需要将油管、工具等物品起吊至操作平台，或将上述物品从操作平台下放至地面的；平衡模式用于钻塞操作工况，绞车悬吊的水龙头、水龙带需要与举升机同步运动。平衡模式可实现所吊装重物悬停、与举升机随动等功能，保证在作业时所吊装重物随举升机同步上下运动，有效避免举升机与绞车速度不同而带来的不便，防止钢丝绳乱绳。

平衡模式阀组由主油路阀块和控制阀块两部分组成，主油路阀块安装在绞车马达油口处，控制阀块安装在绞车操作面板处。控制面板上同时为每台绞车布置了两块压力表,用于在平衡模式时显示绞车工作压力和制动器解锁压力。

二、结构

绞车结构如图6-2所示。

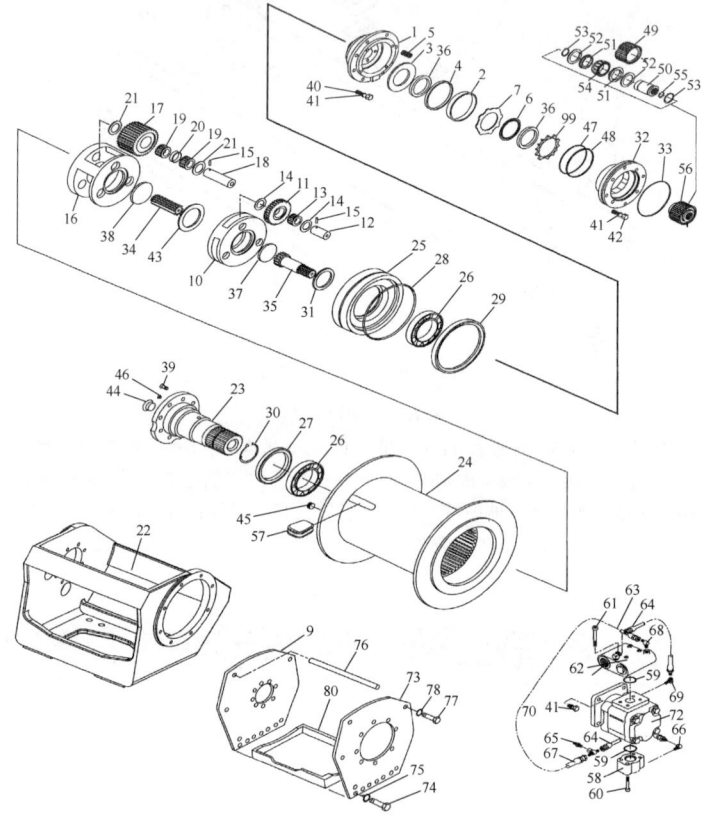

图6-2 绞车结构

1—制动液缸;2—活塞密封圈;3—垫板;4,48—支撑环;5,99—弹簧;6—摩擦盘;7—制动盘;8—轴承支撑板;9—底座;10—主行星齿轮支架;11—主行星齿轮;12—主行星齿轮轴;13—滚动轴承;14—止推垫圈;15—弹性销;16—输出行星齿轮支架;17—输出行星齿轮;18—输出行星齿轮支架;19—滚动轴承;20—轴套;21—止推垫圈;22—绞车支架;23—轴承座;24—滚筒;25,28,33,47,59—O形密封圈;26—滚珠轴承;27,29—油封;30,53,55—卡簧;31—垫圈;32—马达支撑架;34—输出中心齿轮;35—主中心齿轮;36—垫片;37—主中心齿轮;38—输出止推板;39,40,42,60,61,70,74,77,93,96—螺栓;41—弹簧垫圈;43—止推板;44—内六角堵头;45—堵头;46—排空堵头;49—外制动圈;50—内制动圈;51—支撑衬套;52—衬套卡簧;54—离合器;56—法兰;57—钢丝绳卡块;58—管汇;62—制动控制阀;63,64—液压管线;65—变扣接头;66,68—直角接头;67—三通;69—接头;71—弹簧垫圈;72—液压马达;73—马达支撑板;75—垫片;76—连接杆

第六章　桅杆绞车系统

本章知识要点

（1）桅杆的结构及工作原理。
（2）绞车的结构及工作原理。

思考题

（1）桅杆升降方式有几种？
（2）绞车的结构及工作原理是什么？

第七章 带压作业安全设施

带压作业施工过程可能发生油气水泄漏、喷出、着火、爆炸、机械损伤等事故，通过工艺安全分析、工作安全分析能够有效降低作业风险。本章重点介绍应急逃生装置、智能安全系统、防火防爆防硫化氢等安全设施，从配置和合理使用角度叙述削减带压作业风险的方法，将事故发生概率与危害尽可能降到最低。

第一节 应急逃生装置

为确保带压作业施工人员的安全，作业平台至少应配备一套应急逃生装置，应急逃生装置可以选择逃生杆、逃生带、逃生梯、载人吊车、高空逃生柔性滑道等。平台上的操作人员均应熟练掌握逃生装置的使用，在井口得不到有效控制的紧急情况下迅速地撤离到应急集合点，逃离井口到应急集合点的路线应无障碍物阻挡。

总体来说，对任何高度超过2m位置的应急逃生装置，都应满足以下最低要求：

（1）从工作位置到应急逃生装置及从应急逃生装置到撤离通道、应急集合点的通道必须畅通、没有障碍。

（2）当通过或使用逃离系统，高度超过2m的地方应配备防坠落设施。

（3）当作业平台高出地面7.5m以上时，应制定坠落防护计划。

（4）逃生装置应能满足所有工人能够安全及时逃生的要求。

（5）受伤或无法行动的工人应能安全地使用逃生装置。

（6）应按照制造商提供的使用说明书来安装、定期检查和维护撤离系统。

（7）逃生装置的运行不应受到各种环境因素（例如冰、雪、尘埃、污物等）或井筒流出物的不利影响。

（8）所有工人都能熟练使用逃生装置逃生。

第七章 带压作业安全设施

下面着重介绍带压作业现场较常用的应急逃生装置。

一、杆式逃生装置

逃生杆应用于作业高度较低的设备，因杆的不稳定性和人员操作不当易导致着陆速度过快受伤，当平台高度大于 7m 则不推荐使用。逃生杆上下应固定牢靠，下部有软着地措施，杆本体光滑无变径，人员能迅速抓住逃生杆逃生且通道畅通（图 7-1）。逃生杆安装简单、速度可控、演练要求较高。在人员受伤、井口着火、硫化氢泄漏时，利用逃生杆逃生的过程仍处于危险状态下，且多人逃生需依次等待进行。

图 7-1 杆式逃生装置

二、滑带式逃生装置

加拿大 Snubco 公司使用斜拉式柔性逃生滑带较多，安装相对简单，平台上采用挂钩与带压作业设备连接，地面用地锚或车辆等措施固定，最大承载 295kg，可供三人同时逃生，可应用于平台高度不大于 10m 的设备（图 7-2）。

该装置安装角度应不大于 45°，对施工场地有一定要求；同时极易受到风力的影响，稳定性差，作业环境风速大于 80km/h 不能有效使用。人员在紧急情况下逃生或风速较大时，可能滑出柔性滑带外缘，因此对逃生姿势、位置、方向等有特殊要求。

图 7-2 滑带式逃生装置

三、柔性桶式逃生装置

多层布管柔性逃生滑道采用美国杜邦防火丝制成品，耐高温 800℃，每隔 70cm 有阻尼环使人员不会直线下滑，通过手臂或腿部的展开来控制下滑速度，承载质量 300kg 以上，可供三人同时逃生，一般在 12m 高度 10s 以内可逃生到地面。垂直安装，对场地无特别要求，可穿石油靴直接逃生，可以根据带压作业设备的高度调整长度，底部与地面的距离保持 1m 左右可方便人员逃出（图 7-3）。

该装置放置在专用存储箱内，可以防潮防晒，安装简单，速度可控，受伤人员可以逃生，不需要进行特别训练，但是成本较高，且逃生人员无法观察到外部环境变化。

图 7-3 柔性桶式逃生装置

四、下降器式逃生装置

下降器属于绳索式自锁速差器类逃生装置,最大承载 140kg,低速类 2～3m/s,高速类 2.5～6m/s。安装时需要利用一根钢丝绳作为承重导向绳,承重导向绳上下必须固定牢靠,固定点能承载人员下滑重量,角度为 30°～60°,下部有软着陆措施。因一套下降器一次只能逃离一人,如果平台上有多人操作则需不同角度安装多套下降器,并合理分配使用。平台上作业人员需一直穿戴多功能保险带,逃生时才能迅速挂到胸口 D 形环(图 7-4)。

该装置对场地有一定要求,需要逃生人员进行专门训练,伤员无法逃生,井口着火及有毒有害气体泄漏时逃离过程仍处于危害下,高度超过 20m 不推荐使用。

图 7-4　下降器式逃生装置

五、滑道式逃生装置

图 7-5 所示是 Boots & Coots 在某井采用的逃生方式,据 SPE 168269 说明,该装置适用最大高度为 25m,该装置是由质量较轻的铝合金制造的,可调节安装高度,可快速安装(1.5h)。

该装置的优点是紧急情况下可实现多人同时逃生,受伤人员也能轻易逃生,撤离速度快。由于受安装角度的限制,对作业场地要求较高。

图 7-5　滑道式逃生装置

六、其他逃生装置

在进行高压井施工时，带压作业平台增高，常用的逃生装置满足不了现场的需要，继而出现了楼梯式逃生、载人吊车逃生等方式（图 7-6）。

图 7-6　楼梯式逃生及载人吊车逃生

以上几种逃生设施各有优缺点，也有相应的适用环境，详见表 7-1。无

第七章　带压作业安全设施

论选择哪种应急逃生装置，现场均应布置有风向标、逃生路线、应急集合点。

表 7-1　逃生方式优缺点对比表

逃生方式	优点	缺点	适用环境
杆式	1. 安装简单； 2. 速度可控	1. 个人训练要求高； 2. 杆基础必须牢靠； 3. 伤员无法逃生； 4. 着火情况下较危险； 5. 含硫情况下较危险； 6. 不能同时多人逃生	1. 作业高度较低的设备（如170K、80K等设备）； 2. 不含硫化氢井
滑带式	1. 安装相对简单； 2. 可多人同时逃生； 3. 两级安全保护	1. 高度有限（不大于10m）； 2. 空中稳定性差，人员可能滑出； 3. 对起跳位置、方式、方向有要求	1. 作业高度较低的设备（如170K、80K等设备）； 2. 含硫化氢井
下降器式	1. 安装相对简单； 2. 安装多个装置，可多人逃生； 3. 速度稳定适中	1. 个人训练要求较高； 2. 绳索基础必须牢靠； 3. 伤员无法逃生； 4. 着火情况下较危险； 5. 含硫情况下较危险	1. 不超过20m高度的作业； 2. 不含硫化氢井
滑道式	1. 可多人同时逃生； 2. 受伤下也可逃生； 3. 不需特别逃生技巧	1. 安装较为复杂，安装时间长； 2. 成本较高； 3. 对高度变化难适应； 4. 速度不可控	1. 不超过25m高度的作业； 2. 含硫化氢井
柔性管式	1. 可多人同时逃生； 2. 速度可控； 3. 受伤下也可逃生； 4. 不需特别逃生技巧； 5. 安装简单； 6. 高度可调	1. 成本较高； 2. 逃生人员对外部环境无法观察	1. 高度大于7m的作业； 2. 含硫化氢井
其他方式（吊车、楼梯）			高度大于20m的作业

第二节　智能安全系统

一、卡瓦互锁系统

卡瓦互锁系统是为了防止同时打开防顶卡瓦和承重卡瓦而造成事故，卡瓦互锁系统分为机械式卡瓦互锁、液压式卡瓦互锁和电控液式卡瓦互锁。机械式卡瓦互锁是通过机械机构控制卡瓦操作手柄，当一个手柄处于开位时，另外一个手柄无法打开；液压式卡瓦互锁是通过先导单向阀来控制回路的通断，从而实现卡瓦互锁；电控液式互锁是通过电子传感器，监测卡瓦载荷，再控制卡瓦回路实现互锁。

机械式卡瓦互锁只能用于相邻的两个手柄，局限性较大；电控液式卡瓦互锁，由于电子产品存在延时，操作不方便。因此，目前通用的是液压式卡瓦互锁（图7-7）。

图7-7　液压式卡瓦互锁系统

卡瓦互锁装置是由一些液压阀、液压管汇和液压管组成，可以作为功能加强组件被安装在任何带压作业机的液压系统回路里。一旦安装之后，它便成为了带压作业机卡瓦液压控制回路的一部分，使得卡瓦液压控制阀与卡瓦液压缸之间的油路被其所控制。被控制的卡瓦分成两对，其中移动承重卡瓦和固定承重卡瓦为一对，移动防顶卡瓦和固定防顶卡瓦为另一对。卡瓦内锁系统工作原理是通过采集液压回路里的一个先导压力信号来打开或关闭一个单向阀，从而阻断或开放通向驱动卡瓦动作的液压缸的油路。油路被阻断，则卡瓦就不能打开；油路被开放，则卡瓦可以被打开。当成对卡瓦中的一个卡瓦处于打开位置时，先导压力信号控制单向阀阻断另一个卡瓦的油路使其不能打开；而当这个卡瓦处于关闭位置时，先导压力信号将打开单向阀从而开放另一个卡瓦的油路。

第七章 带压作业安全设施

当带压作业施工进行到某些特定阶段时,需要将成对的卡瓦同时打开。这时,操作手可以通过操作位于控制台一侧的旁通阀组将卡瓦互锁装置进行旁通使其暂时失效,从而允许操作手将成对卡瓦同时打开。当施工恢复正常时,将旁通阀组关闭,卡瓦互锁装置将继续发挥控制作用。

二、数据采集监控系统

这一系统是由安装在带压作业机操作台上的 PLC 主机和安装在带压作业机几个关键部位的摄像机组成(图7-8)。操作手可以通过主机实时观察带压作业机关键部位的工作状态,并能及时发现问题。同时,通过安装在举升机液压回路中的压力传感器,操作手还可以通过主机来实时监视井内管柱的悬重指示,对施工安全十分重要。因为在起下管柱的过程中管柱的悬重是十分关键的施工数据,通过它操作手可以及时发现井下的异常情况,并及时作出应对措施,以避免情况进一步恶化。另外,许多井下工具的操作都需要通过带压作业机对管柱进行上提或下放的方式来实现,因此,悬重指示是一项非常重要的施工参数。

图7-8 数据采集监控系统

远程监控系统可以让甲方代表和施工指挥人员在远离施工现场的办公室内对施工情况进行实时监视并可以采集并存储施工数据和影像资料。同时,该系统还可以对带压作业机的举升力或下压力进行高低阈值的设定,当举升力或下压力超过设定值时,系统会发出报警以提醒施工指挥人员。高存储空间的硬盘可以存储大量数据和影像资料,便于进行回放和资料拷贝。

第三节　其他安全设施

带压作业属于高风险作业,气井相对油水井来说具有更大的风险,这是因为天然气燃点低,易燃易爆,常温常压爆炸极限为5%~15%(V%),遇到火花会着火燃烧甚至地面爆炸。由于气体的气密封特性,特别是起90°直角接箍管柱时,通过防喷器时会将接箍圈闭天然气带出并在井口聚集,油管与卡瓦撞击容易产生火星,特别是含硫气井,管壁上常常附着硫化亚铁(FeS)更极易产生火花,如果没有采取措施减少天然气聚集、防止产生火花,就容易发生着火甚至地面爆炸。

同时天然气与空气的混合物随着井内压力的增加,爆炸范围急剧增加,易产生井下爆炸,如当气体压力为50MPa时,天然气体积占混合物体积的45%遇火会爆炸,爆炸威力的大小与压力成正比。

带压作业的操作平台、工作窗等均高于地面2m,因此,施工人员上下需配置防坠落设施。

由于带压作业时天然气的易燃易爆、易膨胀压缩等特性,下面着重介绍气井带压作业的防冻保温、防火防爆、防坠落等安全设施与措施,油水井根据不同特性进行考虑。

一、防冻保温设备设施与措施

天然气在节流降温的过程中可能产生水合物,可能形成一定的圈闭压力,当没有预见到该风险时,可能引起人身伤害。带压作业过程中,防喷器组内需要不断平衡压力、释放压力,由于闸板腔较小,在悬挂器起下作业时也容易形成水合物。2014年加拿大某井在连接套管侧平衡/泄压管线时,发现水合物堵在阀门处,因为采取了不当的措施,导致了严重的人身伤害;2014

第七章 带压作业安全设施

年 12 月 JY6-3HF 井在下入悬挂器时，由于对水合物预见不够，在平衡泄压过程中悬挂器"冻结"在闸板腔位置，不仅处理水合物耽误大量时间，也给作业带来较大安全隐患。

水合物形成初始条件包括：(1) 有自由水存在，可能生成水化物的气体必须处于水汽的过饱和状态或者有水的存在；(2) 温度低；(3) 压力高。特别是在由温度突降而压力保持恒定、由于流动限制产生突然膨胀等情况下更易形成。天然气在通过节流处时，将产生急剧的压降和膨胀，温度将骤然降低，为判断在某一节流压力下是否形成水合物，可利用节流曲线法求解。

对气井不压井作业来说，即使没有流动也可形成水合物，在冬季夜晚暂停作业后，第二天重启作业时，管柱也可能被"冻住"。因此，气井作业，在起下油管悬挂器、封隔器等大尺寸工具时，特别是在高压、低温条件下作业，井口阀门处、防喷器闸板处更易产生水合物。在拆换井口阀门时应记录阀门开关到位的圈数，当发现开关圈数少于设计圈数时应及时检查、分析原因，防止因水合物形成的圈闭压力造成人身伤害。在起下悬挂器时，应使悬挂器处于闸板腔位置，以低于 3.5MPa 为减量缓慢释放压力，并注意观察上顶力表和举升力表，如果上顶力表值增加，就下放管柱；如果举升力表增加，就上提管柱。

当发现已经有水合物存在时，应使用蒸汽锅炉进行保温加热措施或注入水合物抑制剂（如乙二醇等），使水合物融化。切忌采用敲打、硬撬等机械处理方法，防止圈闭压力冲出造成人身伤害。

二、防火防爆设备设施与措施

气井带压作业有别于油水井，天然气可能伴随存在有毒有害气体，且易泄漏扩散、易燃易爆，与空气（或氧气）常温常压下混合浓度达到 5%~15% 时，遇到火源（火焰、火花或温度超过燃烧温度的物体）就会爆炸。因此作业前应评估存在火灾隐患或潜在爆炸的情况，提供消除或降低这类风险的建议措施。带压作业发生火灾和爆炸的两大主要原因是：作业过程中空气接触到了井筒气体或易燃液体，形成了一定浓度的爆炸混合物；天然气或易燃液体流动到地面或逸散到大气中。如果气体容易发生泄漏，燃点低，具有着火或爆炸的三个条件中的两个（图 7-9），一旦出现火星或火花就极易发生爆炸。

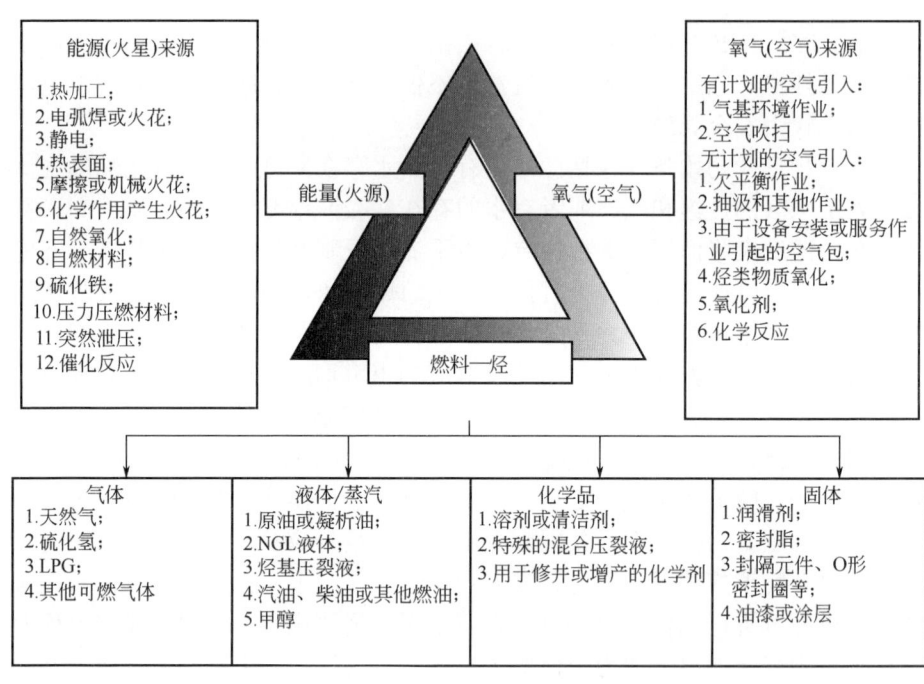

图 7-9 防火防爆三角图

1. 爆炸源分析

作业过程中空气与气体混合达到爆炸浓度的两大主要区域分别为套管内和油管内。

1）套管内的爆炸性混合物

如果套管在射孔作业之前进行了抽汲作业，且所在区域内有天然气流入充满空气的套管，则套管内可能发生爆炸性混合物累积。且如果油气井在射孔作业后关闭，导致井内压力升高，则这一情况将更加严重。在这类情况下的带压作业可能引发爆炸。

2）油管内的爆炸性混合物

在油管强行下钻到井筒内后，在起出堵塞器前，油管内通常有空气存在，如果直接用井筒气体进入油管平衡堵塞器上下的压力，则可能形成爆炸性混合物。据 SPE 115534 报道，2001 年加拿大石油公司发生了两起气井井下爆炸事故，都发生在 2000m 左右的气井内，主要原因是在取堵塞器时油管内混入了空气，达到了爆炸极限，在上提打捞工具时与油管发生撞击产生火花发生了爆炸，如图 7-10 所示。

第七章　带压作业安全设施

图 7-10　油管井下爆裂实物图

3）其他部位

其他部位还可能圈闭空气的情况包括环形防喷器压力助封腔、闸板防喷器闸板腔和关闭腔、防喷管密封腔、油管头侧通道以及泄压管线等处容易发生空气圈闭，如果没有排出空气措施或隔离措施，就容易形成天然气与空气的混合物，为发生爆炸创造了条件。

2. 潜在爆炸的缓解措施

为防止发生火灾或爆炸事故，根据不同部位、不同工况采用如下不同的削减措施：

（1）开始起下管柱前应吹扫工作防喷器组或防喷管 2～3 次，将工作防喷器或防喷管内置换氧气吹扫出去，也可以用清水缓慢替换出防喷器、阀门、防喷管等处空气，减少空气与天然气的接触。

（2）起管柱（特别是含硫油气井）过程中，应在环形防喷器以上喷淋适当的不易燃液体，如清水、氯化钾液体等，防止卡瓦与管壁（主要是硫化铁）碰撞产生火花。

（3）应在环空气体进入油管之前向油管内泵入一段阻燃液体，防止天然气与空气混合产生爆炸危险。

① 该阻燃液体可在钢丝绳解堵过程中防止液体之下的空气接触上方的气体。

② 所需的阻燃液体用量取决于井内压力，通常为 $0.5\sim1m^3$ 的阻燃液体（如甲醇、乙二醇或水混合物）。

③ 用于平衡压力的阻燃液体也可用惰性气体替代，如氮气。

④ 对于有水合物倾向的油气井，应在天然气或氮气进入防喷管之前通

入甲醇。

（4）地面布置时，动力源防火罩与井口的距离大于 10m，同时在泄压管线上安装止回阀防止空气通过泄压管线进入防喷器。

（5）现场应配备相应数量的防爆对讲机或具有同等功能的通信设备、正压式空气呼吸器、硫化氢气体检测仪、可燃气体检测仪、防爆排风扇等。同时应有灭火器、消防铲、消防桶、消防钩、消防水龙带、水泵、水枪、石棉毯等消防设施。在拆卸设备时，为了避免产生火花，可使用铜扳手、铜手锤等。

三、防坠落设施

带压作业机操作平台较高（超过基准面 2m），通过直梯从地面到操作平台的过程可能会有坠落的风险，因此必须穿戴全身式安全带及使用防坠器，配置如下：

（1）差速自控器，放置在带压作业机平台，人员从地面到操作平台上下过程使用。可由具备同等防护功能的其他防坠落装置替代，长度可根据带压作业机的高度增加或减少。

（2）多副全身式安全带，配置双安全绳，腰侧两个 D 形环用于工作定位，背部一个 D 形环用于防坠落。

本章知识要点

（1）带压作业逃生装置的优缺点及适用环境。
（2）卡瓦互锁装置的功用。
（3）带压作业天然气容易聚集的位置。
（4）防止天然气着火爆炸的措施。

思考题

（1）现场使用逃生装置的安装要求是什么？
（2）带压作业现场如何做好防火防爆工作？

第八章　设备维护保养

第一节　动力系统维护保养

一、柴油机维护保养

柴油机是整个动力系统的核心，良好的保养可以延长柴油机的使用寿命。柴油机要按照厂家提供的保养手册进行保养，以下为柴油机推荐的日常保养。

检查内容如下：

（1）检查防冻液及冷却系统是否渗漏。
（2）检查空气滤芯是否堵塞，如果堵塞清理或更换。
（3）检查风扇皮带、发电机皮带松紧度，如果过松，通过调节杆调节或更换。
（4）检查电瓶电压，如果电压不足，检查原因并充电。
（5）更换发动机机油及机油滤芯（更换周期为250h）。
（6）每周放掉柴油箱内积水。
（7）检查发动机管线是否损坏、磨损。
（8）检查排气系统是否腐蚀。
（9）更换柴油油水分离器、一级滤芯和二级滤芯（更换周期为250h）。
（10）检查发动机紧急熄火是否工作正常。
（11）检查空压机是否工作正常。

二、离合器维护保养

（1）机械式离合器用NLGI#2锂基润滑脂来进行润滑。在安装前要对主

轴轴承，滑动套总成，分离轴进行润滑。在使用润滑油时润滑油不要超过密封面。尽管出厂前这些部位已经加了润滑油，但这一步将保证所有运转零件在首次使用前得到充分的润滑。

（2）在正常的使用过程中每工作 20h 需用润滑油枪通过油嘴给离合装置（滑动套总成）加润滑油一次。

（3）同样的在每工作 100h 用油枪通过油嘴给主轴承（圆锥滚子轴承）和分离轴加润滑油一次。

注意：双面密封深沟球轴承，不需要润滑。

三、分动箱维护保养

（1）日常检查齿轮油油位，油量不足需要添加。

（2）第一次使用，500h 或三个月更换齿轮油。

（3）正常使用时，每 1000h 或 6 个月更换齿轮油。

（4）更换齿轮油时，要保证齿轮油温度适宜，以便可以将旧齿轮油全部放掉。

四、液压泵维护保养

（1）每季度清洗一次过滤器，每月向两端轴承注二硫化铜润滑脂一次。

（2）安全阀和压力表每年检验一次。

（3）运行 6 个月检查、修理或更换易损件，如 O 形密封圈、密封件、轴承、叶片、传动螺栓等。检测接地位置，检验安全回流阀。

（4）运行 12 月，除 6 个月检查项目外，对泵的所有转动部件进行全面检查和修理，检验压力表。

（5）运行 36 个月，对泵进行全面检查和修理，对泵外壳进行除锈喷漆处理。

五、蓄能器维护保养

（1）每周检查蓄能器氮气压力（依据操作说明书）。

（2）每年对蓄能器进行探伤检测。

六、散热器维护保养

（1）散热器应该安装牢固，所安装位置应避免振动和冲击，保证进风和排风自由畅通，并防止吸入已被其他外部元件加热了的空气。

（2）散热器使用时，必需加装限压旁路，以避免过高的压降产生，防止启动时产生的脉冲压力过高可能造成的损坏。

（3）散热器应保持清洁，每周至少清洁一次散热器。

第二节　举升下压系统维护保养

一、转盘维护保养

转盘轴承是整体安装到举升机游动横梁上的，有两个球面滚子推力轴承。轴承套有密封件防止水或其他碎屑进入轴承内。轴承套外部上下都有黄油嘴，轴承需要每周注一到两次高压黄油，保证轴承腔注满黄油，延长轴承使用寿命。对于油浴润滑的转盘，每天都要检查润滑油量；设备维修时转动转盘，使轴承上的黄油均匀分配。轴承套一年必须进行一次拆卸、清洗、检查。

二、液缸使用及维护保养

液缸的所有活动组件安装有耐磨条，使压盖和活塞上的磨损最小。卸掉螺栓，摘下游动横梁，压盖可以整体拔出，容易更换。液缸通过四个大的梯形螺纹螺栓接到游动横梁。安装前这些螺栓的螺纹需要清洗并用油轻微润滑。安装时，游动横梁上的锥体和液缸上的配套锥体要清洁，并用防粘化合物润滑。使用设备前，螺栓紧固可靠。

三、卡瓦使用及维护保养

1. 日常保养

（1）检查卡瓦各焊接部分是否存在裂痕，如存在裂痕，需要专业厂家进行焊接并测试。

（2）现场使用每周注一次黄油。

（3）检查液压管线、接头是否渗漏。

（4）检查各部件使用情况。

2. 定期保养和检验

（1）检查液缸是否内渗。

（2）检查液缸活塞杆螺栓是否紧固。

（3）检查卡瓦座螺栓和支撑环磨损是否严重。

（4）检查润滑侧门销轴。

（5）检查壳体是否有裂痕，每6年对卡瓦壳体和卡瓦座进行探伤、尺寸检测。

第三节　环空密封系统维护保养

一、环形防喷器使用及维护保养

1. 日常保养

（1）检查防喷器芯子，检查内表面。如果井内存在钻井液，在关闭前用清水进行顶替；在钻井液凝固前，多运动几次芯子，挤出湿钻井液并用水进行顶替。特殊情况下要打开上腔盖，取出芯子进行清洗。

（2）检查所有的螺母和螺栓的损坏情况。

（3）观察顶盖，活塞和壳体的表面；表面的磨损不得超过3.17mm。

（4）检查芯子有无刮、划、断裂的痕迹，如果需要则更换芯子。

2. 定期检验（1年）

（1）检查刚圈槽，看有无缺口或划痕。注意不要用金属工具或钢丝刷清

第八章　设备维护保养

理刚圈槽，这样会造成损伤。用金刚砂除锈和消除划痕。

（2）清洗内部球面。用清水洗出杂物，用金刚砂去除锈痕和划痕。

（3）检查所有密封面是否有缺口、划痕等。

（4）更换所有密封件。

（5）用黄油对球面进行润滑。

（6）组装、试压。

3. 定期保养（3年）

（1）清洗并润滑每个部件。

（2）所有密封面和流体接触面进行探伤。

（3）测量关键部件尺寸和硬度。

（4）更换所有密封件。

（5）用黄油对球面进行润滑。

（6）组装、试压。

二、闸板防喷器使用及维护保养

1. 日常维护

（1）彻底清洗防喷器，用水清洗防喷器机身，除去积累的沉积物。

（2）目视检查防喷器有无缺陷和损伤。

（3）检查所有螺母和螺栓是否松动、损坏。

（4）井筒压力试压。

（5）用黄油对球面进行润滑。

2. 定期检验（1年）

（1）完全拆解防喷器并清洗干净。

（2）更换所有的密封件、垫圈。

（3）更换闸板体前密封和顶密封。

（4）检查并修理或更换损坏的零件。

（5）重新组装防喷器，进行闸板功能测试、试压。

3. 定期检验（3年）

（1）完全拆解防喷器并清洗干净。

（2）更换所有的密封件、垫圈。

（3）更换闸板体前密封和顶密封。

（4）所有密封面和流体接触面探伤。

(5)测量关键部位尺寸及硬度。

(6)重新组装防喷器,进行闸板功能测试,试压。

三、平衡泄压系统使用及维护保养

1. 日常保养

(1)注脂(若使用闸板对闸板或环形对闸板,每开关30次注一次密封脂)。

(2)每天施工结束后要给平衡泄压阀注脂。

(3)检查节流阀操作是否正常。

(4)检查井筒压力表是否准确(每口井施工前需要将管线内空气排掉)。

(5)每20h向压力传感器活塞内注黄油。

2. 定期检验(三年)

(1)检查旋塞阀阀芯和阀座磨损情况,如果需要则更换阀芯和阀座。

(2)检查驱动马达活塞和螺杆磨损情况,如果需要则更换密封圈。

(3)检查节流阀阀芯磨损情况,如果需要则更换阀芯。

(4)检查压力传感器磨损情况。

(5)校正井筒压力表。

第四节　桅杆绞车系统维护保养

一、日常保养

(1)检查减压阀是否存在渗漏。

(2)检查绞车润滑油是否充足。

(3)检查钢丝绳是否是否损坏。

(4)检查绞车所有焊接位置是否开焊、腐蚀。

(5)检查绞车液压管线是否渗漏、损伤。

(6)检查绞车快速接头及其他接头是否渗漏。

第八章　设备维护保养

（7）检查桅杆所有焊接位置是否腐蚀。
（8）检查钢丝绳、滑轮和轴承是否损伤并向滑轮注黄油。

二、定期检验（1年）

（1）按照日常保养所有项目进行。
（2）检查绞车滚筒是否损伤。
（3）检查安装架及吊点是否有裂痕。
（4）更换单流阀。

本章知识要点

（1）柴油机维护保养。
（2）离合器维护保养。
（3）分动箱维护保养。
（4）叶片泵维护保养。
（5）蓄能器维护保养。
（6）散热器维护保养。
（7）转盘维护保养。
（8）卡瓦维护保养。
（9）环形防喷器维护保养。
（10）闸板防喷器维护保养。
（11）平衡泄压系统维护保养。
（12）桅杆绞车系统维护保养。

思考题

（1）柴油机"三滤一水"更换时间是什么？
（2）如何调节离合器摩擦盘？

（3）分动箱齿轮油更换时间是什么？
（4）蓄能器充气压力是多少？
（5）卡瓦定期检查内容包括哪些及检测周期是什么？
（6）环形防喷器定期检查内容包括哪些及检测周期是什么？
（7）闸板防喷器定期检查内容包括哪些及检测周期是什么？

第九章 常见故障处理

带压作业机常见故障包括动力源部分、动力部分的机械和液压系统故障，主机液压部分和机械部分故障及气路部分故障。

第一节 动力源部分常见故障处理

动力源部分故障处理主要指柴油机故障处理，故障现象及处理方法见表9-1。

表9-1 柴油机常见故障处理

故障现象	原因分析	处理方法
启动设备曲轴不转动	电池亏电	充电或换电池
	启动按钮或电池终端的接头松动和腐蚀	清洗和紧固接头
	电子继电器或点火开关失灵	替换失灵的配件
	点火回路断路器损坏	替换配件
	启动按钮失灵	替换启动按钮
电压表上显示电压低	交流发电机失灵	修理或替换发电机
	发电机上的接头松动	清洗和紧固接头
	驱动皮带松动或断脱	调节皮带合适的松紧度或更换皮带
发动机曲柄转动，但启动不了	电池盒上的ECM（电子控制模块）的熔断丝熔断	更换熔断丝
	主动空气关闭阀在工作	重新设置主动空气关闭阀和检查远程开关的位置，确保它们处于驱动位置
	发动机柴油不足	更换柴油滤子，给油箱加柴油及更换柴油抽汲泵
	ECM面板松动或腐蚀	清洗和紧固接头

续表

故障现象	原因分析	处理方法
远程空气油门不动作（电子问题）	油门回路上的继电器失灵	参考空气油门回路图
	油门回路上的空气开关失灵	参考空气油门回路图
	油门激励器上的机械连接失灵	修理连接的地方

第二节 动力部分的机械和液压系统常见故障处理

动力部分的机械和液压系统故障处理主要是指液压元器件和液压系统的故障处理，常见故障现象及处理方法见表9-2。

表9-2 动力部分的机械和液压系统常见故障处理

故障现象	原因分析	处理方法
液压系统不能充到合适的压力	泵旁通阀位于旁通状态	检查面板上的旁通阀的位置处于正确的位置
	系统上卸载和释放阀设置低	打开泵旁通阀，拔下举升机软管；关闭旁通阀，观察卡车侧面面板上的泵压力表上的压力；通过调节每一回路上的释放或卸载阀的调节钮来调节压力；一旦获得了设计的压力，打开旁通阀及重新把软管连接到举升机上
	泵入口处的吸入过滤器堵塞	停止设备，关闭到泵的吸入阀，该阀位于液力箱的底部。这时关闭吸入口提升阀及允许接触滤子安装处的内部滤网。清洗过滤器且重新安装。按照与上面程序相反的程序打开吸入口，再启动使用泵
	液压油箱内的油量不足	当蓄能器充满额定液压油量时，液压油箱侧面上指示器内油面必须至一半位置
	溢流阀或卸载阀故障	若把上述的每个回路都检查后系统仍不能充到合适的压力，动力部分管件内的溢流阀或卸载阀需要更换。需拆卸液压管件来更换合适的阀
	液压泵损坏	若液压泵损坏，则需要更换。操作者可以听到泵工作过程中的噪声且循环速度和压力逐渐减小。设备部件的不稳定操作也将显露出来。若有这种情况发生，四个泵都应分别进行检测以确定哪一个泵需更换，这需要从设备上拆下泵进行工作台检测

第九章　常见故障处理

续表

故障现象	原因分析	处理方法
蓄能器氮气瓶预充压力降低至所需设定值以下	氮气瓶上部的阀泄漏	用检测泄漏的液体或肥皂水检测阀的泄漏情况，若有泄漏则更换阀
	修理口盖密封圈泄漏	用肥皂水检查瓶上部，看一下是否氮气通过盖上的 O 形密封圈泄漏，若有必要，更换密封圈
	蓄能器气囊泄漏	若氮气压力继续降低且没有发现外部的泄漏，蓄能器气囊可能泄漏，使氮气进入液压系统中。放空系统所有的氮气和液压压力；卸掉蓄能器瓶上的进口帽，从蓄能器瓶中拔出气囊。检查瓶的内部有无损坏，若发现损坏，要到机修店修复，更换并重装气囊和入口帽；重新向蓄能器内充氮气并观察
	蓄能器瓶压力表故障	放出蓄能器组一侧的液压。安装氮气测试装置，包括检测设备和检查氮气压力。若是好的，放出一侧的氮气，在瓶的上部重装指示压力表
	空气换挡阀故障	检查 PTO 换挡控制器，保证最小有 90 psi 的空气压力供应
在油箱内液压回流过滤器磨损，指示器显示旁通状态（过滤器安装处上部指示器内显示红色）	过滤器的滤网由于污染而堵塞	更换过滤器
	油黏度大导致过滤器端的旁通回压偏高（过滤器回路管汇的压力超过了 50psi）	在极冷条件下启动时，液压油很稀，导致系统内的回压升到比过滤器端内部的旁通升阀的压力值高。一旦提升阀打开，过滤器上的指示器视窗内会显示红色。油循环正常，且温度升到适宜的操作温度后，指示器应当回到绿色状态
液压油温度升高（高于 70℃）	液压系统中三条主回路中的一条失灵	检查所有的回路，当所有的功能都处于待命或中间状态时，确保它们在操作参数范围内，只有蓄能器回路显示有压力。举升机和液压钳回路显示关闭，压力为零。若不是，则检查所有的软管连接处，确保连接完好
	设备承受重载时间过长	设备在高压井中工作，要求举升机在非常高的压力下连续使用，确保冷却器在工作开始时就要使用，若系统内温度持续升高，要使系统的一个举升机的液压泵卸载直到举升压力降低到允许降低的液压值，这样减少了热量的产生
	举升机回路的刹车压力过高	当使用举升机在井筒中起下时，通常由井压引起作用在举升机端面底部上的压力将导致液缸伸长的速度比操作者所想象得快。为了避免举升机的这种"驱动现象"，在上部的液缸筒中装了液压刹车系统。刹车力可在 0～3000psi 之间调节。操作者应尽可能使用小的刹车力，因为该系统会在设备的液压油中产生热量
	液压泵转速过快	保持液压泵的最大转速在 1800r/min 是非常重要的，设备在应在 7 挡的状态下操作，这样发动机的速率与液泵的速率是 1∶1

续表

故障现象	原因分析	处理方法
液压油温度升高（高于70℃）	动力部分后部的快速接头处松动或脱落	确保所有的快速接头都连接好且紧固。若没有完全连接好，会使装置的一部分压力大范围降低，这将在系统内产生热量
	环境温度过高	当在高环境温度条件下操作设备时，要在一开始工作时就使用液压油冷却器，以在尽可能长的时间内达到最小的热量积聚。卸载一个举升机液泵也可延迟系统内热量的积聚，若系统温度达到70℃，应关闭系统来进行冷却降温
	液压油箱的呼吸孔堵塞	设备油箱内的液压油液面在操作过程中有巨大的不同。若油箱的通气孔堵塞或阻碍，液泵压将空转，从而导致热量的产生和泵损坏

第三节　气路部分常见故障处理

气路部分故障处理主要指气路元器件和气路系统的故障处理，故障现象及处理方法见表9-3。

表9-3　气路部分常见故障处理

故障现象	原因分析	处理方法
从操作面板到动力部分的气油门失灵不能增加发动机转速	到举升机的气供应管线堵塞或管线脱落	确保到举升机的主气路供应线是和举升机连接的。若已连接，举升机气路管线上仍无气压，线有可能堵塞。松开管线的两头，吹清洁的气体来疏通管线。若在结冰条件下工作，需在管线中加少量甲醇来消除管线的冰堵塞
	动力部分上的收集罐气压低	检查仪表板上装的气压表压力。若小于90psi，要等到气压达到操作压力。若气压不上升，可能空气压缩机需要检修
	来自油门操作阀的气管线堵塞或脱落	若油门控制器上有足够的气压，发动机仍没反应，检查气控油门感应线是否连接。若连接是好的，管线有可能堵塞。松开管线的两头，向里面注入少量的甲醇
	油门气阀故障	若所有的系统压力都作用在控制阀上，油门仍不能操作，更换或重新安装气动油门控制器
	油门启动器中隔膜发生故障	若油门启动器中的气动隔膜损坏，发动机将收不到增加转速的信号。当有人从操作台发送气动信号时，目测检查激励器是否震动，若没有震动，拆掉油门启动器上的气管线，操作台上再一次发信号时有气控现象。若有气体供应，则启动器隔膜需更换

第九章 常见故障处理

续表

故障现象	原因分析	处理方法
紧急进气切断阀不动作	设备储备罐的气压不对	检查仪表盘上的空气压力表,确保空气系统的压力充到90psi以上
	空气开关故障	更换空气开关
	动力部分后面的气体关闭线脱落	确保位于动力部分后面的从举升机到气刹车的气路管线是连接的
	空气关闭线堵塞	若管线是连接的,空气刹车仍不起作用,松开这条管线。拆下软管末端的气路配件。开启空气截止阀确保有气体从控制阀送到管线。若无气体通过,松开软管的两头,向里面加甲醇来疏通管线
	装在发动机空气入口处的空切断阀故障	若确定有空气信号到达该阀,发动机仍不能关闭,空气切断阀需拆除进行检修

第四节 主机液压部分与机械部分常见故障处理

主机液压部分与机械部分故障处理主要指举升下压系统、环空密封系统、桅杆绞车系统中机械部分和液压系统的故障处理,故障现象及处理方法见表9-4。

表9-4 主机液压部分与机械部分常见故障处理

故障现象	原因分析	处理方法
举升机不移动	动力部分液压系统没工作或泵处于旁通状态	确保泵驱动在液压模式且卡车侧面面板上举升机泵的旁通阀选在"ON"位置
	动力部分后面的管线没有连接	所有和举升机操作有关的管线必须完全接在动力部分的后面
举升机的压力和举升力不发生变化	动力部分上装配的举升机溢流阀设定的压力不正确	装在液压泵上面的主释放阀有最小设定值500psi,使举升机工作。为了检查这些溢流阀,需脱离液压泵。从动力部分的后面拆掉举升机动力管线,从动力源侧面的面板上把举升机回路设定在关的位置。重新使用液压系统。关闭一个举升机旁通阀来观察回路的举升机压力表。若有必要,调节主溢流阀。打开旁通阀用其他的举升机回路来重复程序。最大设定值应不超过3000psi

续表

故障现象	原因分析	处理方法
举升机的压力和举升力不发生变化	举升机上装配的溢流阀设定值低	在举升机上有一个装在HUSCO阀上的溢流阀,若这个阀的设定值低,举升机将不能正确的操作。为了检查这个阀的设定值,操作者应使举升机完全缩回以便系统内的压力发生变化。观察操作台上的下推力表,看举升机回路的压力是否有变化。面板上装配的举升机压力调节释放阀必须完全关闭,以便观察装在举升机管路系统内的主释放阀的设定值。从根本上说,小面板上装配的阀控制着装在管线上的大阀,不管主释放阀设定的范围是多少。若主释放阀的设定值设定最大值为1500psi,小面板上装配的阀将控制着主释放阀从0~1500psi变化。若操作者需回路上有更大的压力,必须将主溢流阀上的调节钮顺时针旋转调到一个高压力,小阀仍然可以从操作台上完全控制从零到主阀重新设定的任意值
	操作台上装配的控制溢流阀设定到低值	如上所述,小溢流阀借助于主举升回路释放阀来控制主循环回路的压力,该阀必须设定一个最小值500psi,以便于有合适的举升操作。缩回举升机并保持操纵杆向前来建立回路压力。顺时针旋转操作台上装配的释放阀的调节钮,增加回路压力
	举升机HUSCO阀故障	若举升机回路有合适的压力,仍不移动,且有点浮动,或操作不稳定,HUSCO阀有可能有故障。这就需要一个合格的液压机械装置来检查、维修阀的内部
	举升机远程系统故障	目测检查操纵杆轴,以确保每次都能满行程,并确保阀门的释放筒坐落正确和调节正确
卡瓦抱不住管柱	卡瓦超过了寿命期	确保液压缸的行程足以使卡瓦碗进入卡瓦座,可以通过左旋卡瓦液缸末端的轭来延长卡瓦液缸的行程
	卡瓦板牙过度磨损	若板牙显示过度磨损,如牙板尖或槽磨亮,这就需要更换整套板牙
	卡瓦板牙脏	设备的板牙在任何时候都要保持清洁,整个起下过程中,推荐目测检查板牙的情况
	卡瓦座磨损严重	卡瓦碗和卡瓦座接合处,卡瓦座内的接触锥度磨损超过使用期
	卡瓦碗过度磨损	卡瓦碗内的接触锥度磨损超过使用期
	用于管柱的板牙尺寸不正确	确保装配在托架内的所有板牙对于所处理的管柱的尺寸是合适的
	非API管柱尺寸	若一个API尺寸的管柱被起下,需加工特殊的板牙
卡瓦液压压力不充足	设定卡瓦回路压力的减压阀在低值	用于卡瓦回路的筒式减压阀装在上工作篮操作台上。从操作台上的压力表可读出回路压力值,正常的操作范围是400~500psi。在这个压力值下若卡瓦不能正确操作,则卡瓦制动系统内存在着机械问题,有必要拆下连接系统来鉴定问题

第九章　常见故障处理

续表

故障现象	原因分析	处理方法
环形防喷器的关闭压力不足或有波动	环形回路减压/溢流阀的外筒发生故障	环形回路的关闭压力用装在操作面板上的减压阀进行调整，如果减压阀损坏，回路压力就会产生波动，可更换一个新的减压阀。如果阀损坏了，回路的压力会波动，则更换一个阀
	环形防喷器液压密封圈漏失	在环形防喷器内有液压密封件来隔离打开和关闭的防喷器腔。如果密封件受损，从打开到关闭位置就会形成通路，导致关闭压力波动，因为减压/释放阀还在一直试图保持要求的关闭压力。拆开防喷器进行维修，来确保密封性完好
	环形回路平衡瓶预冲氮气压力为零	在环形防喷器关闭口连接一个小的活塞式蓄能瓶作为减震器使用。如果瓶内预充氮气的压力为零，减压/释放阀外筒就需要平衡因管柱外径变化引起的压力变化，这样就会导致回路的波动，所以要保持回路活塞一侧的氮气压力在350psi左右
井内流体进入液压油箱	环形防喷器的密封油管处漏失	在环形防喷器的内部有两个井压密封圈，用于密封井筒的高压。如果胶圈损坏，井筒内的气体和流体就会进入到液压腔内从而流入到液压油箱里。如果出现这样的情况，需要用不压井设备下的安全防喷器进行关井，需要拆开环形防喷器更换配件
环形防喷器芯子要求高压密封	芯子被磨破	如果环形防喷器关闭要求用大于1000psi的密封压力，说明芯子已经超过使用期，需要更换
防喷器试不住压或在下入的过程中有漏失	前端磨损	打开防喷器检查前端密封部件的情况，如果磨损过多，更换前部密封件或更换全部的密封组件
	密封圈磨损	打开防喷器检查闸板密封圈，如果有刮痕，更换闸板密封圈
	防喷器的内表面损伤	打开防喷器检查前端密封件和闸板密封圈；如果密封橡胶没有明显的问题，清洗内部并进行检查；如果在防喷器水平孔内有腐蚀面和明显的刮痕，表面需要用磨砂轮进行磨洗；如果损坏过多，要重新焊接、加工使防喷器达到原来的水平
	闸板块损伤	取下前端的密封件和闸板密封圈，检查所有的表面是否有磨损和刮伤的痕迹；如很明显，要进行修理；如果损伤很厉害，需要更换闸板块
	在寒冷的天气操作时，防喷器没有正确加热	必须保持橡胶的操作温度在0℃以上才进行操作，如果周围环境的温度低于0℃，必须对防喷器进行加热
闸板轴外面漏失	闸板轴的密封圈漏失	如果闸板侧门处的胶圈损坏，井内的压力就会漏失到轴处。密封圈有备用填充系统可以填充塑料填料到阀帽的上边和下边，这样可以保持轴的密封直到打开侧门更换密封件为止
	闸板轴损伤	检查闸板轴铬合金的表面，观察刮伤的情况，如果刮痕很明显，必须更换闸板轴

续表

故障现象	原因分析	处理方法
闸板轴外面漏失	防喷器在寒冷的天气下没有正确加热	防喷器的橡胶件必须加热到 0℃ 以上才能进行操作。如果周围的温度在0℃以下，必须对设备进行加热
防喷器的侧门外面漏失	侧门螺栓没有拧紧	液压关闭防喷器，检查侧门的螺栓是否全部拧紧，用一个梅花工具全部拧紧确保防喷器密封
	侧门的密封损坏	打开防喷器的侧门，检查装在表面的密封件，如果密封件损坏，则需更换
	防喷器的本体损伤	清洗防喷器侧门密封圈和本体密合处，如果受损的情况不严重，可以进行抛光修理。如果出现主要的刮伤，必须卸下防喷器，重新焊接、加工并恢复到原来的指标
	防喷器在寒冷天气下操作没有正确加热	使用橡胶产品必须在 0℃ 以上才能进行正常工作，如果周围的温度在冰点以下，必须进行正确加热
平衡/放空阀漏失	阀套和芯不润滑	用高压黄油枪从黄油嘴处挤入黄油，确保全部润滑
	阀的橡胶密封件受损	拆下阀，检查所有的橡胶件，更换新的组件
	行程不对	远程控制阀的液压马达可能漏失或失效，可能造成阀不能正确地关闭。在马达的顶端，在指示器轴上有一条刻线，将阀处于关闭的位置，刻线必须处于正确的角度才能保证全部关闭。马达上安装的螺栓中有一个螺栓可以对马达行程进行调整，必要时松动螺栓进行调整，然后重新拧紧各个硬件
	阀的本体损坏	拆下阀，全面清洗本体内部冲刷痕、锈点或划痕。如果受损的情况不严重，用磨砂轮清理表面；如果受损严重，更换
	芯子和滑套损伤	拆下阀，清洗所有的部分。检查芯子和滑套的配件并检查受损情况，若冲刷痕、锈点或划痕明显，就需要成套更换配件
	通过芯子的压力降低造成密封胶件结冻	在起下过程中，包括用"闸板对闸板"或"闸板对环形"方式起下工具串过程中，旋塞阀一天可能要使用上百次。当施工井为气井的时候，由于通过旋塞阀的井口压力降低会造成结冰，在环境温度低于结冰点时，橡胶件甚至会结冻，所以必须对设备进行外部加热，以保持旋塞阀正常密封
	寒冷的天气下工作时未加热	阀的密封胶件必须保持在 0℃ 以上时才能进行工作。如果环境的温度低于0℃，必须采取外部加热的措施进行加热
蓄能器补压时间短	防喷器组、卡瓦液缸或环形防喷器上的液压腔室间连通	与蓄能器系统相连的所有组件都设计成中央关闭式，每个组件都要求一定流量的流体来保证正常工作。举例来讲，如果一个闸板防喷器要求使用 3L 流体来关闭，一旦这部分流体来自蓄能器后，流体就应停止流动；如果防喷器内从液缸活塞关闭端到开启端间的密封件渗漏，液压油就会一直流动，并且蓄能器就一直向该回路释放流体。这时操作手就能观察到蓄能器系统压力计压力一直在波动。若出现这种现象，操作手应该将与蓄能器相连的所有控制阀一次一个使之处于中位，同时观察蓄能器压力计压力稳定。一旦找出渗漏的组件，就进行修理，并针对问题进行调整，使之正常工作

第九章　常见故障处理

续表

故障现象	原因分析	处理方法
液压钳没有压力	动力液压系统不工作或泵处于旁通状态	检查泵已经处于液压模式，并且卡车侧面板的液压钳旁通开关已经从旁通状态置于开位
	动力传输管线未连接	检查过壁板的与液压钳有关的动力输出管线是否全部连接
	装在面板上的液压钳溢流阀设定压力值低	用液压钳夹住管子并停止马达的转动。旋转控制面板上的阀，同时观察面板上的压力表。调整液压至设定值并锁定旋钮
	工作台上的液压钳管线未连接	在工作台顶部的角上有两个快速接头，确保已经用液压管线连接到液压钳上

本章知识要点

（1）动力源部分故障检修。
（2）动力部分的机械部分和液压部分故障检修。
（3）气路部分故障检修。
（4）主机液压部分与机械部分故障检修。

思考题

（1）启动设备曲轴不转动的原因是什么？
（2）柴油机电压表上显示电压低的原因是什么？
（3）发动机曲柄转动但启动不了的原因是什么？
（4）远程空气油门不动作的原因是什么？
（5）液压系统不能充到合适的压力的原因是什么？
（6）蓄能器氮气瓶预充压力降低至所需设定值以下的原因是什么？
（7）液压油温度升高至高于70℃的原因是什么？
（8）从操作面板到动力部分的气油门失灵，不能增加发动机转速的原因是什么？
（9）紧急进气切断阀不动作的原因是什么？

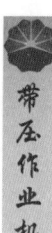

（10）举升机不移动的原因是什么？

（11）举升机的压力不发生变化的原因是什么？

（12）卡瓦抱不住管柱的原因是什么？

（13）卡瓦液压压力不充足的原因是什么？

（14）环形防喷器的关闭压力不足或有波动的原因是什么？

（15）井内流体进入液压油箱的原因是什么？

（16）环形防喷器芯子要求高压密封的原因是什么？

（17）防喷器试不住压或在下入的过程中有漏失的原因是什么？

（18）闸板轴外面漏失的原因是什么？

（19）防喷器的侧门外面漏失的原因是什么？

（20）平衡/泄压阀漏失的原因是什么？

（21）蓄能器补压时间短的原因是什么？

（22）液压钳没有压力的原因是什么？

附录　带压作业培训模拟器

带压作业培训模拟器可模拟带压作业设备操作和工艺设计，将三维可视化技术应用于仿真训练，可以真实地模拟带压作业设备动态情况，为学员提供一个逼真的操作环境，并能追踪显示受训者的操作，准确再现实际培训过程。

通过带压作业培训模拟器对操作人员进行技能培训，不受客观条件限制，让学员在较短时间内，从不熟悉到熟悉设备和工艺，从不合理的操作达到规范化操作，并从根本上克服现场培训所带来的负面影响。

第一节　模拟器结构

一、操作台布局

操作台完全按照实际控制台尺寸制作（去现场进行实际测量，与实际尺寸完全相符），包括动力源控制部分、举升机控制部分和防喷器控制部分，见附图1。

二、三维图像布局

三维图像主要包括带压作业机动力源部分、主机部分和工作防喷器部分，见附图2。

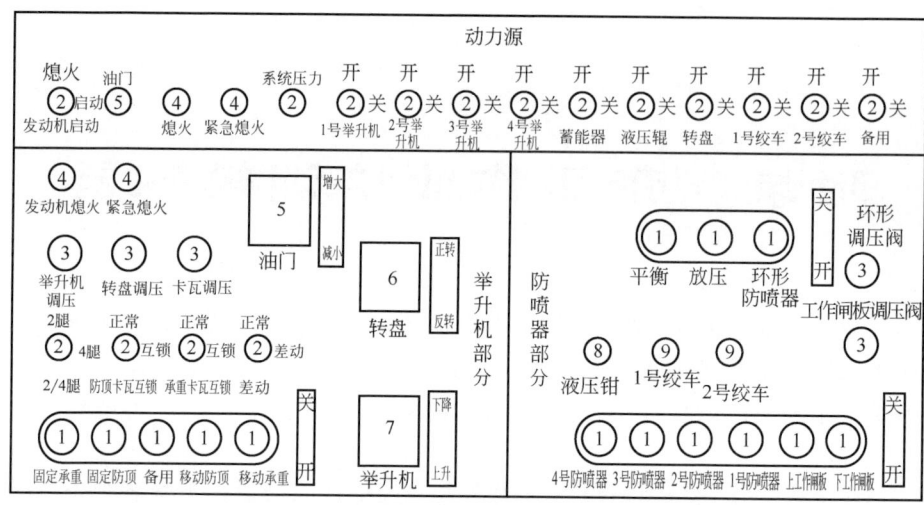

附图1　操作台布局

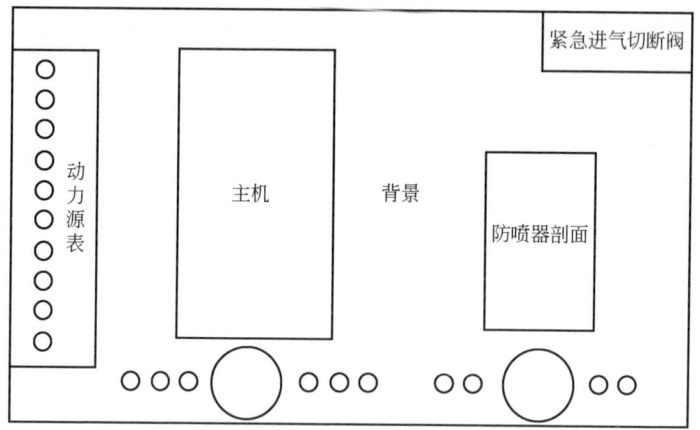

附图2　三维图像布局

第二节　模拟器培训内容

一、施工设计培训

带压作业施工设计如附图3所示。

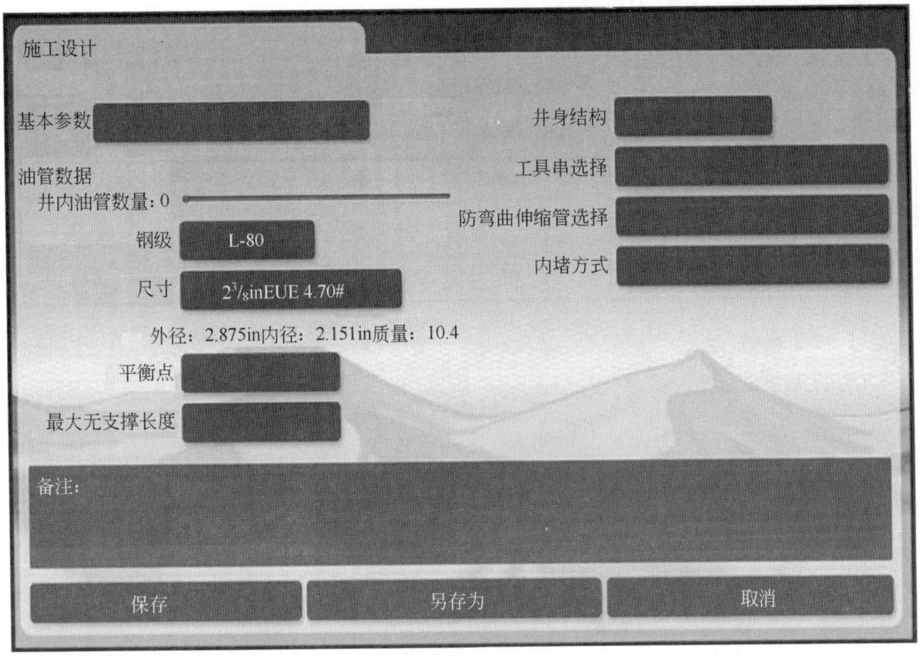

附录 带压作业培训模拟器

附图3 施工设计

1. 基本数据

基本数据见附表1。

附表1 基本数据

所属区域		井别			开钻日期	
地理位置					完钻日期	
构造位置					完井日期	
地面海拔		补心海拔			完钻层位	
完井方式					完钻井深	
联入		油补距			人工井底	
最大井斜		井深		方位角	井底位移	
地层压力		原始地层压力			目前地层压力	
有害气体						
当前井口压力						

2. 井身结构

井身结构见附表2。

附表2 井身结构

套管	外径, mm	壁厚, mm	钢级	下入深度, m	水泥返深, m
表层套管					
技术套管					
生产套管					

3. 油管数据

油管数据见附表3。

附表3 油管数据

规格	钢级	壁厚, mm	内径, mm	外径, mm	质量, kg/m	井内油管数量

4. 工具串选择

（1）预先设定好几种常用的工具串组合。

（2）也可以自定义各种不同的工具串。

（3）在施工参数页面中选择相应的工具串组合（附图4）。

5. 内堵工具

（1）内堵工具类型。

（2）是否坐封或安装。

（3）坐封/安装位置。

6. 其他

（1）设备防弯曲伸缩管选择。

（2）显示平衡点位置。

（3）显示最大无支撑长度。

7. 井口配置

根据施工井基本参数及工具串设计，配置不同压力级别、不同通径的井口防喷器、四通及升高短节（附图5）。

（1）井口状态：模拟软件中井口分为三种，采气树、油管四通和套管。

（2）拖动所需要的井口设备，并连接。

（3）可选择不同长度升高短节。

（4）显示设备整体高度。

（5）显示绷绳安全系数。

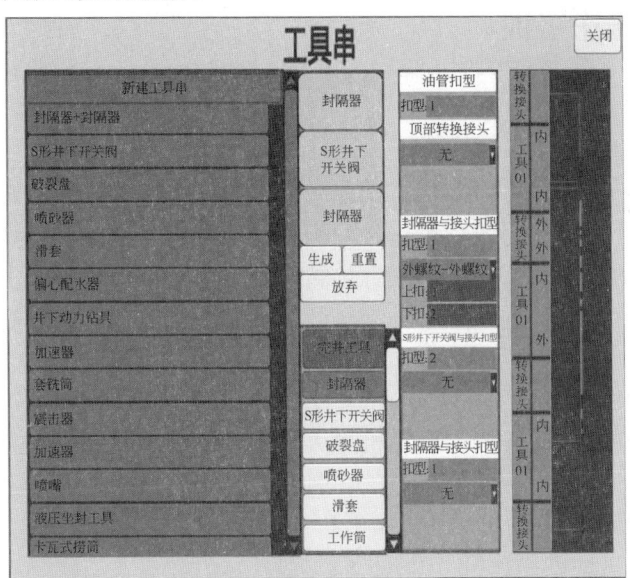

附图 4　工具串选择

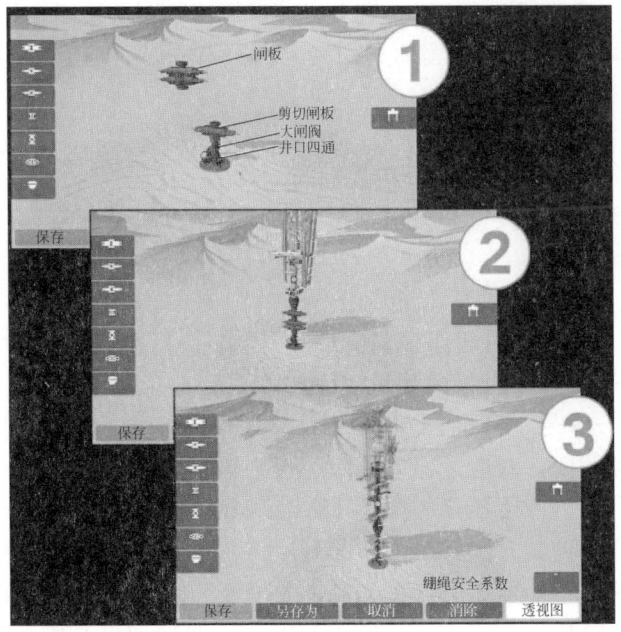

附图 5　井口配置

二、设备操作培训

1. 发动机操作程序

1）发动机启动

发动机不启动,任何部件都不能工作。启动前,确认紧急进气切断开关和紧急熄火开关(动力源与操作台两个位置)处于开位且进气切断阀处于开位,否则发动机无法启动;顺时针旋转开关至第一挡,控制版上的两个灯闪动,共三次后熄灭;继续顺时针旋转开关,发动机启动(松开后自动恢复到第一挡)。

2）发动机熄火

逆时针旋转启动开关,发动机熄火;顺时针旋转发动机紧急熄火开关,发动熄火;顺时针旋转发动机进气切断开关,发动机熄火;向上拔操作台上的紧急熄火开关,发动机熄火;向上拔操作台上的进气切断阀,发动机熄火。

3）发动机油门操作

向上推,油门增大 [油门根据时间线性增大,从 700r/min 到 2100r/min,需要 5s,转速=700+280t,t 代表推上去后保持的时间(0~5s)];推上去后松手,开关自动恢复到中位,油门保持不变;向回拉,油门降低,转速=当前转速-280t。

4）动力源其他部件操作

(1) 1 号、2 号、3 号举升机控制阀。

关闭任意一个开关,举升机都可以动作,举升机总流量为:

$$Q_{举升机} = Q_{1号} + Q_{2号} + Q_{3号}$$

式中　$Q_{举升机}$——举升机泵流量,L;

　　　$Q_{1号}$——1 号举升机泵流量,L;

　　　$Q_{2号}$——2 号举升机泵流量,L;

　　　$Q_{3号}$——3 号举升机泵流量,L。

开关必须关闭,对应才会有流量,否则该泵流量为零;

如果提升压力或下压压力大于 15MPa,$Q_{1号}$=0。

(2) 蓄能器控制开关。

关闭开关,蓄能器压力(动力源内压力表和防喷器控制台上的压力表)迅速上升至 9.8MPa,从 9.8MPa 到 21MPa,需要 1min,卡瓦、防喷器、平衡放喷阀可以进行操作;打开开关,蓄能器压力下降,从 21MPa 到 9.8MPa,

需要 1min，从 9.8MPa 直接降到 0，卡瓦、防喷器、平衡放喷阀不能操作。

（3）液压钳控制开关。

关闭开关，压力表为 2.8MPa 时，液压钳可以操作，压力表显示压力值，按键表示上扣/卸扣，管柱转动由快到慢，直到压力表显示到管柱上扣扭矩值，停止，打开开关，上卸扣开关不起作用。

（4）转盘控制开关。

关闭开关，转盘才能转动；打开开关，转盘不能动作。

（5）1 号绞车控制开关。

关闭开关，1 号号绞车控制按钮才能起作用，才能利用该按钮增加或减少 1 根油管。

（6）2 号绞车控制开关。

关闭开关，2 号绞车控制按钮才能起作用，才能利用该按钮增加或减少 1 根油管。

2. 举升机操作程序

1）举升机上行

手柄向回拉，调节举升机调压阀直至举升机上行，同时举升力表显示相应数值；若举升力压力小于 2.8MPa，举升机不动，同时指重表显示相应的值；若举升机手柄处于中位，举升机不动，举升力表和下压力表均显示为 0。

2）举升机下行

手柄向前推，调节举升机调压阀，举升机下行，同时下压力表显示相应数值。

3）举升机调压

顺时针调节举升机调压旋钮，增大举升机液控压力，但只有举升机到达顶部或底部，才能显示设置的举升力或下压力，否则指重表只显示空载压力。

4）举升机差动控制

拔出开关，举升机处于差动状态，上行速度为举升机上行实际速度的 2 倍。举升力压力差值等于下压力压力表值，指重表读数为 1/2 举升力，举升机下行正常。

3. 转盘操作程序

（1）操作手柄向前推，调节转盘调压阀，转盘正转，扭矩表上显示 425psi；

（2）操作手柄向后拉，调节转盘调压阀，转盘反转，扭矩表上显示 425psi；

（3）单击转盘锁销，锁销打开，转盘转动；双击转盘转盘锁销，转盘不转。

4. 卡瓦系统操作程序

1）卡瓦处于正常状态

（1）手柄向前推，调节卡瓦关闭压力，卡瓦关闭。

卡瓦关闭压力一般为 3.5MPa，若卡瓦关闭压力低于 1.4MPa，则不能关闭卡瓦。随着上顶力或下压力增加，需要增加卡瓦关闭压力。

（2）手柄处于中位，卡瓦保持前一工作状态。

（3）手柄向回拉，卡瓦打开。

2）卡瓦处于互锁状态

（1）当卡瓦处于互锁状态时，关闭与正常状态相同。

（2）打开一个卡瓦（承重卡瓦或防顶卡瓦）前，必须保证另外一个卡瓦（承重卡瓦或防顶卡瓦）处于关闭状态否则无法打开卡瓦。

3）处于轻管柱或重管柱状态时

（1）必须通过举升机将载荷转移到一个卡瓦上（卡瓦颜色变红），另外一个卡瓦（卡瓦颜色变绿）才能打开。

5. 环形防喷器操作

（1）向前推手柄，调节环形防喷器压力，环形防喷器关闭。

环形防喷器关闭需要的最小压力为 500psi，环形防喷器关闭压力一般为 500～800psi，超过 800psi 对胶芯磨损严重，环形防喷器关闭时间为 15s。

（2）手柄处于中位，保持前一状态。

（3）向回拉手柄，环形防喷器打开，环形防喷器打开时间为 10s。

6. 闸板防喷器操作

（1）向前推手柄，闸板防喷器关闭，闸板防喷器关闭时间为 5s。

（2）手柄处于中位，保持前一状态。

（3）向回拉手柄，闸板防喷器打开，闸板防喷器打开时间为 3s。

7. 平衡放喷阀操作

（1）向前推手柄，平衡放喷阀关闭。

（2）手柄处于中位，保持前一状态。

（3）向回拉手柄，平衡放喷阀打开。

8. 液压钳操作

（1）向前推手柄，液压钳上扣，管柱顺时针旋转，压力从 0 升至最高（最高压力根据管柱上扣扭矩求得）。

（2）松开手柄，自动恢复中位，液压钳停止。

（3）向回拉手柄，液压钳上扣，管柱逆时针旋转，压力从最高降至 0（最高压力根据管柱上扣扭矩求得)。

9. 绞车操作

按下按钮,增加/减少一根油管,同时记录起下油管数量。

三、应急处理培训

1. 故障应急管理

(1)可以预设各种故障。

(2)可以随时设置故障。

(3)通过故障应急处理模块,培训各个岗位的应急处理能力。

(4)故障应急管理包括操作手误操作产生的故障和预设故障两部分(附图6)。

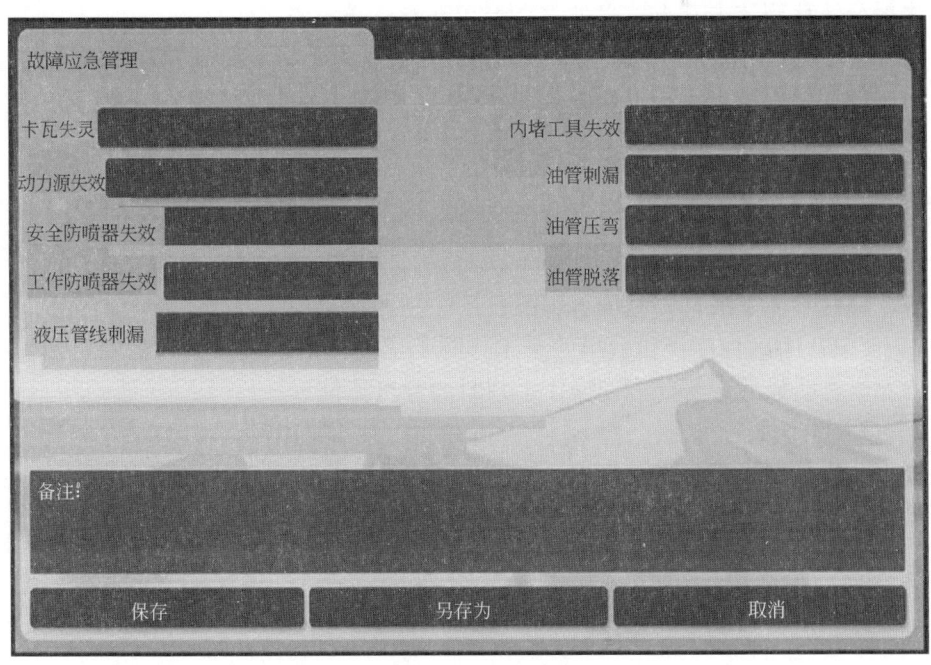

附图 6 故障应急管理

2. 操作手误操作产生的故障及现象

(1)当处于轻管柱,即上顶力大于管柱浮重时,其中任意一个闸板防喷器关闭,如果同时打开防顶卡瓦,油管会上窜,直至油管接箍卡在闸板防喷器上，屏幕周围变红。

（2）当处于轻管柱，即上顶力大于管柱浮重时，其中闸板防喷器全部打开，如果同时打开防顶卡瓦，所有油管会飞出井口，屏幕周围变红。

（3）当处于重管柱，即上顶力小于管柱浮重时，其中任意一个闸板防喷器关闭，如果同时打开承重卡瓦，油管会下落，直至油管接箍卡在闸板防喷器上，发出"Duang"的一声，同时屏幕周围变红，设备摇晃一下。

（4）当处于重管柱，即上顶力小于管柱浮重时，闸板防喷器全部处于开位，如果同时打开承重卡瓦，油管会下落至井内，发出"Duang"的一声，同时屏幕周围变红。

（5）如果井内有压力，所有防喷器处于开位或未完全关闭，则会发出刺耳的声音，同时设备上显示气体喷出状态。

（6）如果卡瓦卡在接箍或者工具串上，则管柱上移或下移时，显示无法将载荷转移到该卡瓦上，另外一个卡瓦不能打开。

（7）闸板防喷器卡在接箍上，不能密封，压力不能放掉或者有气体喷出。

（8）如果最大无支撑长度大于允许值，则管柱会压弯，管柱不能下放，同时屏幕周围显示红色。

（9）如果油管上扣不完整，则流体会通过油管喷出，并发出刺耳的声音。

（10）如果油管内没有内堵工具，则流体会喷出，并发出刺耳的声音。

（11）如果关闭固定承重卡瓦和移动防顶卡瓦，举升机下放油管会压弯油管，管柱不能下放，同时屏幕周围显示红色。

（12）明确标注操作台至两个工作防喷器之间的长度，下入的油管本体上应该有明显的记号，方便操作手判断油管接箍位置。

3. 预设故障内容

（1）关键施工步骤操作。

（2）卡瓦失灵故障应急处理。

（3）动力源故障应急处理。

（4）工作防喷器故障应急处理。

（5）安全防喷器故障应急处理。

（6）液压管线刺漏应急处理。

（7）管柱压弯应急处理。

（8）管柱刺漏应急处理。

（9）内堵失效应急处理。

（10）液动旋塞阀故障应急处理。

参考文献

[1] 蔡彬，彭勇，闫文辉，等．不压井修井作业装备发展现状分析．钻采工艺，2008，31（6）：106—109．

[2] 于大伟，陈新龙，王炜，等．新型独立式带压作业设备的研发与应用．石油机械，2017，45（5）．

[3] 马成彬，王雪松，栾山岳．JY5300TXJ30-14 型带压作业机的研制与应用．石油机械，2011，39（6）．

[4] 马成彬，王雪松，蒋文靖，等．JY5450TBYJ90-21 型带压作业机的研制与应用．石油机械，2014，42（4）．